农业生态实用技术丛书

生态型
养羊技术

SHENGTAIXING YANGYANG JISHU

农业农村部农业生态与资源保护总站　组编

张桂杰　主编

中国农业出版社

北　京

图书在版编目（CIP）数据

生态型养羊技术／张桂杰主编. —北京：中国农业出版社，2020.5

（农业生态实用技术丛书）

ISBN 978-7-109-24668-3

Ⅰ．①生…　Ⅱ．①张…　Ⅲ．①羊–饲养管理　Ⅳ．①S826

中国版本图书馆CIP数据核字（2018）第221783号

中国农业出版社出版

地址：北京市朝阳区麦子店街18号楼

邮编：100125

责任编辑：张德君　李　晶　司雪飞　　文字编辑：陈睿赜

版式设计：韩小丽　　责任校对：刘丽香　　责任印制：王　宏

印刷：北京通州皇家印刷厂

版次：2020年5月第1版

印次：2020年5月北京第1次印刷

发行：新华书店北京发行所

开本：880mm×1230mm　1/32

印张：4.5

字数：90千字

定价：36.00元

农业生态实用技术丛书
编委会

本书编写人员

主　　编　张桂杰

副 主 编　王丽慧　黄　帅　于　浩
　　　　　李　平

参编人员　韩　娟　周玉香　陈来祥
　　　　　马锋茂　张　辉　雷晓青

序

中共十八大站在历史和全局的战略高度，把生态文明建设纳入中国特色社会主义事业"五位一体"总体布局，提出了创新、协调、绿色、开放、共享的发展理念。习近平总书记指出："走向生态文明新时代，建设美丽中国，是实现中华民族伟大复兴的中国梦的重要内容。"中共中央、国务院印发的《关于加快推进生态文明建设的意见》和《生态文明体制改革总体方案》，明确提出了要协同推进农业现代化和绿色化。建设生态文明，走绿色发展之路，已经成为现代农业发展的必由之路。

推进农业生态文明建设，是贯彻落实习近平总书记生态文明思想的必然要求。农作物就是绿色生命，农业本身具有"绿色"属性，农业生产过程就是依靠绿色植物的光合固碳功能，把太阳能转化为生物能的绿色过程，现代化的农业必然是生态和谐、资源可持续、环境友好的农业。发展生态农业可以实现粮食安全、资源高效、环境保护协同的可持续发展目标，有效减少温室气体排放，增加碳汇，为美丽中国提供"生态屏障"，为子孙后代留下"绿水青山"。同时，农业生态文明建设也可推进多功能农业的发展，为城市居民提供观光、休闲、体验场所，促进全社会共享农业绿色发展成果。

农业生态文明思想起源于古老的中国，中国自春秋时期就懂得用地养地的道理以及物理杀虫、人工除草等做法。农牧结合、稻田养鱼、桑基鱼塘等农业生态模式在历史上曾经极大推动了文明和经济的发展。当前，我国农业生态文明建设已进入提供更多优质生态产品以满足人民日益增长的优美生态环境需求的攻坚期，也到了有条件、有能力发展环境友好农业的窗口期。多年来，从事农业生态研究的学者和实践者扎根农业生产一线，按"整体、协调、循环、再生"的原则，围绕农业生态文明建设开展了广泛、系统的实践和研究，探索总结出了丰富多样的应用技术。

为推广农业生态技术，推动形成可持续的农业绿色发展模式，从2016年开始，农业农村部农业生态与资源保护总站联合中国农业出版社，组织数十位业内权威专家，从资源节约、污染防治、废弃物循环利用、生态种养、生态景观构建等方面，多角度、多要素、多层次对农业生态实用技术开展梳理、总结和归纳，系统构建了农业生态知识体系，编写形成了《农业生态实用技术丛书》。丛书中的技术实用、文字简洁、步骤详尽、脉络清晰，技术可推广、模式可复制、经验可借鉴，具有很强的指导性和适用性，将为广大农民朋友、农业技术推广人员、管理人员、科研人员开展农业生态文明建设和研究提供很好参考。

张福锁

2020年4月

前言

　　本书介绍了生态型养羊的概念、规模化生态型养殖场的设计与建造、生态型养羊的营养与饲料、生态型养羊的繁育技术、生态型养羊饲养管理技术和生态型养羊疾病防控。在可持续农业大框架下的生态养殖将是未来畜牧业发展的主要方向，通过对本书的阅读，将会对生态养羊概念及如何实现生态养羊有个清晰的了解。本书通俗易懂，简明实用，适合不同规模羊场技术人员阅读。

编　者

2019年6月

目录

序

前言

一、生态型养羊概述

我国是世界上草地资源最丰富的国家之一，草地面积近60亿亩[*]，占国土面积的41.41%，居世界第二。在我国的国土资源中，草地资源的总量和人均占有量均居国内其他土地资源的首位，但与世界平均人均占有量相比则较少，仅为世界平均人均占有量的42%。我国草地的自然生产力——草产量与国外同类草地不相上下，生产潜力还很大。另外，我国年产秸秆、糟渣超过7亿吨，可用作饲料的总量在3.2亿吨左右，将大量秸秆、糟渣资源通过牛、羊转化与利用，不仅能减少其焚烧、堆弃过程中产生的污染，而且能有效降低生产成本，因此，我国发展生态养羊具有广阔的前景。

（一）生态型养羊概述

1.生态型养羊的概念

生态型养殖是指运用生态学原理，保护生物多

---

* 亩为非法定计量单位，15亩＝1公顷。

样性与稳定性，合理利用多种资源，以取得最佳的生态效益和经济效益。生态型养羊就是利用无污染的草原、滩涂草地、林地草场等天然资源，或运用仿生态技术措施，改善养殖生态环境，按照特定的养殖模式进行养殖，投放无公害饲料，目标是生产出无公害绿色羊产品。

生态型养羊是近年来逐渐成为大力提倡的一种羊生产模式，其最大的特点就是在有限的空间范围内，人为地将不同种的动物群体以饲料为纽带串联起来，形成一个循环链，目的是最大限度地利用资源。

生态型养羊一般要根据不同种、属生物间的共生互补原理，利用自然界物质循环系统，在一定的养殖空间和区域内，通过相应的技术和管理措施，使不同生物在同一环境中共同生长，实现保持生态平衡、提高养羊效益的目的。其中"共生互补原理""自然界物质循环系统""保持生态平衡"等几个关键词，明确了"生态养羊"的几个限制性因子，区分了"生态养殖"与"人工养殖"之间的根本不同。

2.生态养羊的类型

（1）原生态养羊。原生态养羊是让羊群在自然生态环境中按照自身原有的生长发育规律自然地生长，而不是人为地制造生长环境和用促生长剂让其违反自身原有的生长发育规律快速生长。

相对于生态养殖方式来说，采用集约化、工厂化养殖方式可以充分利用养殖空间，在较短的时间内饲养出栏大量的商品，以满足市场对畜产品的量的需求，从而获得较高的经济效益。但由于家畜是生活在人造的环境中，采食添加有促生长剂在内的配合饲料，因此，尽管生长快，产量高，但其产品品质、口感均较差。而采用放牧或散养方式的不喂全价配合饲料的养殖，因为是在自然的生态环境下自然地生长，所以生长慢、产量低，但其产品品质与口感均优于集约化、工厂化养殖方式饲养。

（2）现代仿生态养羊。随着人们生活水平的提高，采用集约化、工厂化养殖方式生产出来的产品已不能满足广大消费者日益增长的消费需求，而农村"散养式"生态养殖，因其产量低、数量少也不能满足消费者对生态畜产品的消费需求，因而现代仿生态养殖应运而生。现代仿生态养羊是有别于农村"散养式"和集约化、工厂化养殖的一种养殖方式，是介于散养和集约化养殖之间的一种规模养殖方式，它既有散养的特点——畜产品品质高、口感好，也有集约化养殖的特点——饲养量大、生长相对较快、经济效益高。但如何搞好现代生态养羊，却没有一个统一的标准与固定的模式。要想搞好仿生态养羊，必须注意以下几点：

第一，选择合适的自然生态环境。合适的自然生态环境是进行现代生态型养羊的基础，没有合适的自然生态环境，生态养殖也就无从谈起。发展生态型养羊必须根据羊群的生活习性，选择适合其生长的无污染的自然生态环境，有比较大的天然的活动场所，让其自由活动、自由采食、自由饮水，让其自然地生长。如一些地方采取的林地、山场养殖补饲配合饲料的方式就是很好的现代生态养羊模式。

第二，使用配合饲料。使用配合饲料是进行现代生态养羊与农村"散养式"的根本区别。如果仅是在合适的自然生态环境中散养而不使用配合饲料，则羊体的生长速度必然很慢，其经济效益也就很低，这不仅影响饲养者的积极性，而且也不能满足消费者的消费需求，因此，进行现代生态养殖仍然要使用配合饲料。但所使用的配合饲料中不能添加违禁促生长剂和动物源性饲料，因为其在畜产品中的残留不仅降低了畜产品的品质，也影响畜产品的口感，满足不了消费者的消费需求。

第三，注意收集粪便。生态型养殖的羊群大部分时间是处在自由活动状态，随时随地都有可能排出粪便，这些粪便如不能及时清理，则不可避免地会造成环境污染，也容易造成疫病传播，进而影响饲养者的经济效益和人们的身体健康。因此，应及时清理粪便，减少环境污染，保证环境卫生。

第四，多饲喂青绿饲料。青绿饲料不仅可以给羊机体提供必需的营养，而且能够提高机体免疫力，促进羊机体健康。饲养者可在羊群活动场地种植一些耐践踏的青绿饲料供羊只活动时自由采食，但仅靠活动场地种植的青绿饲料还不能满足羊的营养需要，必须另外供给。另外供给的青绿饲料最好现采现喂，不可长时间堆放，以防堆积过久产生亚硝酸盐，导致亚硝酸盐中毒。饲喂青绿饲料要多样化，这样不但可增加适口性，提高采食量，而且能够提供丰富的植物蛋白和多种维生素。在冬季没有青绿饲料时，要多喂一些青干草粉，以改善产品品质和口感。

第五，做好防疫工作。生态养殖的羊群大部分时间是在舍外活动场地自由活动，相对于工厂化养殖方式更容易感染外界细菌、病毒而发生疫病，因此，做好防疫工作就显得尤为重要。防疫应根据当地疫情制定正确的免疫程序，防止免疫失败。为避免因药物残留而降低畜产品品质，饲养者要尽量少用或不用抗生素预防疾病，可选用中草药预防，不仅可提高畜产品质量，而且可一定程度上降低饲养成本。

3.生态养殖的途径

（1）充分利用自然资源发展生态养殖。羔羊过了初乳哺乳期，就可以逐步将其放养到山林、草地或高秆作物地里，让羊自由采食青草、野菜、草籽、昆虫。这种放归自然的饲养方式好处甚多：一是减少了饲喂量，可以节省大量粮食。二是能有效清除大田害虫和杂草，达到生物除害的功效，减少人们的劳动强度和大田的药物性投入。三是能增强机体的抵抗力，激活免疫调节机制，节约预防性用药的资金投入。四是能大幅度提高肉、奶的品质，生产出特别受欢迎的绿色产品。有条件的地方，都可以利用滩涂、荒山等自然资源，建设生态养殖场所，生产出无污染、纯天然或接近天然的绿色产品，同时还能从本质上提高动物的抗病能力，减少预防性药物的投入。

（2）利用活菌制剂发展生态养殖。规模化生态型养殖过程中，可利用活菌制剂，也称微生态制剂，其中的有益菌可在动物肠道内大量繁殖，使病原菌受到抑制而难以生存，产生一些多肽类抗菌物质和多种营养物质，如B族维生素、维生素K、类胡萝卜素、氨基酸、促生长因子等，抑制或杀死病原菌，促进动物的生长发育。一些有益菌在家畜肠道内还可产生多种消化酶，可降低粪便中吲哚、硫化氢等有害气体的浓度，使氨浓度降低70%以上，起到生物除臭的作用，对于改善养殖环境十分有利。目前推广的动物微生态制剂主要包括益生菌原液、益生元、合生元三类，可广泛用于畜禽养殖。

（3）农牧结合发展生态养殖。羊场废弃物"资源化利用"模式，不仅符合畜牧业发展实际，而且也能取得种植业和养殖业协调发展的"双赢"。如将羊排泄物发酵，可直接制成优质有机肥，全部用于农田和果园，不仅可减少购买化肥的成本，而且可使农作物和水果增产，水果甜度增加、口感鲜美、价格提高，还可生产出有机饲料，供养殖场利用采取农牧结合的生态养殖模式，不仅实现了养殖废弃物的零排放，而且改善了土地的肥力，可大大改善养殖的生态条件，羊群在污染少、空气好、隔离条件好的山场里生长，发病率、死亡率明显下降，羊的生产性能也得到提高。

（二）规模化生态养羊的作用与意义

我国的传统畜牧业是"靠天养畜"，生产水平低，农区主要靠秸秆、农副产品和粮食发展养殖业，这种"耗粮型"畜牧业生产格局显然不能满足人们物质生活水平提高后对畜产品的需求，因此，充分发掘饲草料资源，发展集约化草食畜牧业就显得尤为重要。生态型养羊不但顺应当前退耕还林还草和"粮改饲"的形势，也是现代养羊优质高效生产的根本出路。

1.生态养羊是社会主义新农村建设的要求，是农民增收的需要

加强生态环境建设，提高农民生活水平，是建设社会主义新农村的重要内容。实施生态家园富民行动，要按照"减量化、再利用、资源化"的循环经济理念，以农村废弃物资源循环利用为切入点，大力推进资源节约型、环境友好型和循环利用型农业发展，实现家居环境清洁化、农业生产无害化和资源利用高效化。社会主义新农村建设也要求养羊要走环保、节约、高效的可持续生态养殖方式。

农民增收是我国一项长期的战略任务，生态环境建设也是国家可持续发展的战略问题，两者在现阶段有突出的矛盾，而生态型养羊就是解决这一矛盾的有效措施，是一条振兴农村经济、增加农民收入的有效途径。种草养羊与种植粮食相比较，单位土地面积

的生物产量高、成本低，经济效益高于种植粮食。此外，种草养羊抗御自然灾害的能力较强，并能充分利用自然界各种有利或不利的光、热、水、土等资源。

2.生态养羊有利于保持农业生态系统良性循环

我国是一个人多地少的国家，人均耕地面积只有1.2亩，人均粮食产量低。因此，通过增加粮食生产来发展畜牧业来增加畜产品的可能性越来越小，饲粮短缺已成为制约我国畜牧业发展的重要因素。合理建设和利用草地，通过种植优质饲草来养羊可以有效缓解我国饲粮不足和人畜争粮的矛盾。生态型养羊在农业生态系统中起着不断向系统归还营养物质的作用，维持了植物、动物、微生物三者之间组成食物链的良性循环，使物质和能量的输入、输出能互相交换、互相调节和互相补偿，从而为建立良好的农业生态系统创造有利条件。

3.生态养羊有利于我国农业产业结构的调整

衡量一个国家农业的发达程度主要看两个方面：一方面是畜牧总产值在农林牧渔业总产值中的比重，另一方面草食家畜产值在畜牧总产值中的比重。畜牧总产值在农林牧渔业总产值中的比重越大，农业越发达。发达国家畜牧总产值在农林牧渔业总产值中所占比重一般在50%以上，如美国60%、英国70%、德国74%，我国目前为30%；发达国家草食家畜产值在畜牧总产值中所占比重一般在60%以上，我国与发达国家差距甚远。这清楚地指明了我国畜牧业结构调整的方向，即大力发展牛、羊为主的草食家畜。

天然草地、人工草地以及牧草产品是发展草食家畜的基础。从当前和长远看，草食家畜缺乏优质牧草的矛盾相当尖锐，大力发展牧草产业正是解决这一矛盾的有效途径。当前畜牧业结构调整的核心问题是草食家畜的优先发展，而草食家畜发展的关键是草的问题，只有解决草的问题，畜牧业结构问题才能得以解决。

4.生态养羊有助于改善生态环境

气候干旱、水土流失、土地沙化、沙尘暴和环境污染是威胁我国生态环境、生产建设和生存条件的主要问题。我国现有草原草坡面积约60亿亩，但50%以上严重沙化、退化，载畜量下降，许多地方已经达到饱和、超载，草地缺乏休养生息、恢复和再生机会。牧草生态适应性广，生命力顽强，枝叶繁茂，根系发达，有些牧草的根茎能覆盖地面，可以减少雨水冲刷、风沙和风蚀，防止水土流失和沙尘暴，有助于改善生态环境。

二、生态型养殖场设计与建造

（一）生态型养殖场场址的选择

选择羊场场址时，应对地势、地形、土质、水源，以及居民点的配置、交通和电力等物资供应条件进行全面考虑。场址选择除考虑饲养规模外，应符合当地土地利用规划的要求，充分考虑羊场的饲草饲料条件，还要符合羊的生活习性及当地的社会、自然条件。

1.地形、地势

羊场应当地势高燥，至少高出当地历史洪水的水位。其地下水应在2米以下。这样的地势可以避免雨季洪水的威胁和减少因土壤毛细管水上升而造成的地面潮湿。低洼潮湿的场地，一方面不利于机体的体热调节，易于滋生病原微生物和寄生虫；另一方面也会严重影响建筑的使用寿命。

由于地形、地势的原因，在场区常会出现局部空气涡流现象，造成空气呆滞，因而场区空气污浊、潮湿、阴冷或闷热。在南方的山区、谷地或山坳里，羊舍排出的污浊空气有时会长时间停留和笼罩该地区，造成空气污染。这类地形都不宜作为羊场场址。

地势要向阳背风，特别是避开西北方向的山口和长形谷地，以保持场区小气候气温能够相对恒定，减少冬、春寒风的侵袭。

羊场的地面要平坦且稍有坡度，以便排水，防止积水和泥泞。地面坡度以1%～3%较为理想。坡度过大，建筑施工不便，也会因雨水常年冲刷而使场区坎坷不平。

地形要开阔整齐。场地不要过于狭长或边角太多。场地狭长往往影响建筑物合理布局，拉长了生产作业线，同时也使场区的卫生防疫和生产联系不便。边角太多会增加场区防护设施的投资。

场地应充分利用天然地形地物作为天然屏障，也要尽可能把羊场设在开阔地形的中央，以减少对周围环境的污染。

2.土壤

土壤情况对羊机体健康影响很大。土壤透气透水性、吸湿性、毛细管特性、抗压性以及土壤中的化学成分等，都直接或间接影响场区的空气、水质，也可影响土壤的净化作用。

适合建立羊场的土壤，应该是透气透水性强、毛细管作用弱、吸湿性和导热性小、质地均匀、抗压性强的土壤，其中砂壤土最为理想。砂壤土透水透气性好，持水性小，因而雨后不会泥泞，易于保持适当的干燥环境，不适于病原菌、蚊蝇、寄生虫卵等生存和繁殖，有利于土壤本身的自净。选择砂壤土质作为场地，对羊机体健康、卫生防疫、绿化种植等都有好处。

但在一定地区内，由于客观条件的限制，选择理想的土壤比较受限，需要在羊舍的设计、施工、使用和日常管理上，设法弥补土壤的缺陷。

3.水源

在羊的生产过程中，羊只的饮用水、饲料清洗与调制、设备和用具的洗涤等，都需要大量水，对水源要求如下：

（1）水量充足。供水量要考虑羊只直接饮水、冲洗用水、夏季降温和生活用水等需要，全场用水量以夏季最大水耗量计算，并考虑防火和未来发展的需要。

（2）水质良好。水源最好是不经处理即符合饮用标准。新建水井时，要调查当地是否因水质不良而出现过某些地方病，同时还要做水质化验，以保证人、羊的健康。羊只饮水水质要求pH在6.5～7.5，大肠杆菌在10个/升以下，细菌总数在100个/升以下。毒物安全上限：砷0.2毫克/千克，铅0.1毫克/千克，锰0.05毫克/千克，铜0.5毫克/千克，锌2.5毫克/千克，镁14毫克/千克。钠正常量6.8～7.5毫克/千克，亚硝酸盐正常量不大于0.4毫克/千克。

（3）取用方便，便于防护。羊场用水要求取用方便，处理技术简便易行。同时要保证水源水质经常处于良好状态，不受周围条件的污染。

4.饲草、饲料

在建羊场时要充分考虑放牧场地与饲草、饲料条件。牧区和农牧结合区，要有足够的四季牧场和打草场；南方草山草坡地区，要有足够的轮牧草地；而以舍饲为主的农区，必须要有足够的饲草、饲料基地或便利的饲草来源，饲料要尽可能就地解决，特别注意准备足够的越冬干草和青贮饲料。

5.防疫条件

羊场环境及附近的兽医防疫条件的好坏是影响羊场经营成败的关键因素之一。场址选择时要充分了解当地和四周疫情，不在疫区建场。羊场周围的居民和牲畜应尽量少，以便发生疫情时进行隔离封锁。建场前要对历史疫情做周密的调查研究，特别注意附近的兽医站、畜牧场、集贸市场、屠宰场、化工厂等距拟建场地的距离、方位以及有无自然隔离条件等，同时要注意不要在旧养殖场上建场或扩建。羊场与居民点之间的距离应保持在300米以上，一般来说，羊场的位置应选在居民点的下风处，地势低于居民点；与其他养殖场应保持500米以上；距离屠宰场、制革厂、化工厂和兽医院等污染严重的地点越远越好，应在

2 000 米以上。做到羊场和周围环境互不污染。如有困难，应以植树、挖沟等方式建立防护设施加以解决。

6.交通、供电

羊场要求交通便利，便于饲草运输，特别是大型集约化的商品场和种羊场，其物资需求和产品供销量极大，对外联系密切，故应保证交通方便。但为了防疫卫生，羊场与主要公路的距离要在100米以上（如设有围墙时可缩小到50米）。羊舍最好建在村庄的下风头与下水头，以防污染村庄环境。

此外，选择场址时，还应重视供电条件，特别是集约化程度较高的羊场，必须具备可靠的电力供应。在建场前要了解供电电源的位置、与羊场的距离、最大供电允许量、供电是否有保证，如果需要可自备发电机，以保证场内供电的稳定可靠。

7.社会条件

新建羊场选址要符合当地城乡建设发展规划的用地要求，否则随着城镇建设发展，将被迫转产或向远郊、山区搬迁，会造成重大的经济损失。新建羊场选址要参照当地养羊业的发展规划布局要求，综合考虑本地区的种羊场、商品羊场、养羊小区、养羊户等各种饲养方式的合理组织和搭配布局，并与饲料供应、屠宰加工、兽医防疫、市场与信息、产品营销、技术服务体系建设相互协调。

（二）生态型养殖场的布局

1.羊场规划布局的原则

应体现建场方针、任务，在满足生产要求的前提下，做到节约用地，少占或不占可耕地。

在发展大型集约化羊场时，应当全面考虑粪便和污水的处理和利用。

因地制宜，合理利用地形地物。利用地形地势解决挡风防寒、通风防热、采光等问题。根据地势的高低、水流方向和主导风向，按人、羊、污的顺序，将各种房舍和建筑设施按其环境卫生条件的需要排列（图1），并考虑人的工作环境和生活区的环境保护，使其尽量不受饲料粉尘、粪便气味和其他废弃物的污染。应充分考虑今后的发展，在规划时要留有余地，对生产区的规划更应注意。

图1　羊场各区依地势风向配置

2.各种建筑物的分区布局

在总体规划布局时，通常分为生产区、供应区、办公区、生活区、病羊管理区及粪便污水处理区。布局时既要考虑卫生防疫条件，又要照顾各区间的相互联系。因此，在羊场布局上要着重考虑主导风向、地形和各区建筑物之间的距离。生产区入口处必须设置洗澡间和消毒池。在生产区内应按规模大小、饲养批次的不同，将其分成几个小区，各小区之间应相隔一定的距离。

羊舍的一端应设有专用粪道与处理场相通，用于粪便和脏污等的运输。人行与运输饲料应有专门的清洁道，两道不要交叉，更不能共用，以利于羊群健康。羔羊舍和育成羊舍应设在羊场的上风向，远离成年羊舍，以防感染疾病。育成羊舍应安排在羔羊舍和成年羊舍之间，便于转群。种羊舍可和配种室或人工授精室结合在一起。羊场的整体布局还要考虑到发展的需要，留有余地。

良好环境有益于羊群的健康，对羊场场区的绿化也应纳入羊场规划布局之中。绿化对美化环境、改善小气候、净化空气、吸附粉尘、减弱噪声有积极的作用。良好的场区绿化，夏季可降低辐射热，冬季可阻挡寒流袭击。

饲料供应区和办公区应设在与风向平行的一侧，距离生产区80米以上。生活区应设在场外，离办公区和供应区100米以外。兽医室、粪便污水处理区应设在下风口或地势较低的地方，间距100 ～ 300米。

上述的设置能够最大限度地减少羔羊、育成羊的发病机会，避免成年羊舍排出的污浊空气的污染。但有时由于实际条件的限制，做起来十分困难，可以通过种植树木、建阻隔墙等防护措施加以弥补。

（三）生态羊舍的建筑设计

1.羊舍设计基本参数

（1）羊只占地面积。羊只占地面积取决于羊只的生产方向和用途及当地的气候条件，原则上要保证舍内空气新鲜、干爽，冬、春季能防寒保温，夏、秋季不致过热。羊舍应有足够的面积，使羊在舍内能够自由运动，使羊不感到拥挤。如果面积太小，就会导致拥挤、潮湿、脏污和空气污浊，有碍羊的健康，而且管理也不方便。面积过宽，则会造成投资浪费，也不利于冬季保暖。

羊舍的面积因羊的种类、品种、性别、生理状态和当地气候的不同，要求也不一样。羊舍建造时可参考以下标准：种公羊 $1.5 \sim 2.0$ 米^2/只；怀孕前期母羊 $0.8 \sim 1.0$ 米^2/只，最大 1.2 米^2/只；怀孕后期母羊 $1.1 \sim 1.2$ 米^2/只；育成羊 $0.7 \sim 0.8$ 米^2/只；幼龄公、母羊 $0.5 \sim 0.6$ 米^2/只；育肥羊 $0.6 \sim 0.8$ 米^2/只。产羔室可按基础母羊数的 $20\% \sim 25\%$ 计算面积。

（2）羊舍的跨度和长度。羊舍的跨度一般不宜过宽，有窗自然通风的羊舍的跨度以 $6 \sim 9$ 米为宜，这样舍内空气流通较好。羊舍的长度没有严格的限制，但考虑到设备安装和工作方便，一般以 $50 \sim 80$ 米为宜。羊舍长度和跨度除要考虑羊只所占面积外，还要考虑生产操作所需要的空间。

（3）羊舍高度。羊舍高度根据气候条件和羊舍跨度有所不同。跨度不大、气候不太炎热的地区，羊舍不必太高，一般从地面到天棚的高度为2.5米左右；对于跨度大、气候炎热的地区，可增高至3米左右；对于寒冷地区，可适当降低到2米左右。羊数多时，羊舍可高些，以保证充足的空气，但过高则不利于保温，建筑费用也高。

（4）羊舍门、窗。羊舍的门应宽敞些，以免羊进出时发生拥挤。一般门宽3米，高2米左右。寒冷地区的羊舍，为防止冷空气直接进入，可在大门外设套门。门上不应有尖锐的突出物，以免刺伤羊只。不设门槛和台阶，有斜坡即可。羊舍的窗户面积一般占舍地面积的1/15～1/10，距地面在1.5米以上，以防止贼风直接吹袭羊群。窗应向阳，保证舍内充足的光线，以利于羊的健康。

2.羊舍建造的基本要求

（1）地面。地面的保暖和卫生条件很重要。羊舍地面要求平整、干燥，易于除去粪便和更换垫土或垫料。舍内地面应高出运动场15～30厘米，呈2%～2.5%的坡度，以利于排水。

羊舍地面有实地面和漏缝地面两种类型。地面又因建筑材料不同一般分为夯实黏土地面、三合土（石灰：碎石：黏土为1：2：4）地面、砖地面、木质地面等。

土质地面柔软，富有弹性，易于保温，造价低廉。缺点是不够坚固，容易出现小坑，不便于清扫消毒，易形成潮湿的环境。干燥地区可采用。

三合土地面较黏土地面好。如果当地土质不好，地面可铺成三合土地面。如果当地土质太黏，渗水性差，地面可铺沙土或平铺立砖。

砖地面和木质地面最佳，保温、吸水、结实。砖的空隙较多，导热性小，具有一定的保温性能。用砖砌地面时，砖宜立砌，不宜平铺。

（2）墙。墙在羊舍保温方面起着重要的作用。可利用砖、石、水泥、钢筋、木材等修成坚固耐用的永久性羊舍，这样可以减少维修费用。选用建筑材料应就地取材，选用砖木结构和土木结构均可，但必须坚固耐用、保温性能好、易消毒。

我国多数地区建造羊舍普遍采用土墙、砖墙和石墙；国外有采用铝合金板、胶合板、玻璃纤维板建成保温隔热墙的，其效果也很好。墙基须有防潮处理，在墙基外面要有通畅的排水设施。

（3）屋顶和天棚。屋顶兼有防水、保温隔热、承重三种功能，正确处理三方面的关系对于保证羊舍环境的控制极为重要。其材料有陶瓦、石棉瓦、木板、塑料薄膜、油毡等，国外也有采用金属板的。屋顶的种类繁多，在羊舍建筑中常采用双坡式，也可以根据羊舍实际情况和当地的气候条件采用双坡式、单坡式、平顶式、联合式、半钟楼式、钟楼式等（图2）。单坡式羊舍跨度小，自然采光好，适用于小规模羊群和简易羊舍；双坡式羊舍跨度大，保暖能力强，但自然采光、通风差，适用于寒冷地区，也是最常用的一种类型。在寒冷地区还可选用平顶式、联合式等类型，在炎热地区可选用钟楼式和半钟楼式。在寒冷地区可加天棚，其上可贮存冬草，并能增强羊舍保温性能。

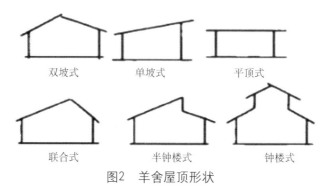

双坡式　　　　单坡式　　　　平顶式

联合式　　　　半钟楼式　　　　钟楼式

图2　羊舍屋顶形状

（4）运动场。坐北朝南呈"一"字排列的羊舍，运动场一般设在羊舍的南面，南北走向的羊舍运动场可设在羊舍两边。运动场低于羊舍地面，缓缓倾斜，以砂壤土为好，便于排水和保持干燥。运动场周围设围栏，公羊围栏高度为1.5米，母羊为1.2～1.3米，围栏门宽1.5～2.5米。

3.羊舍的基本类型

由于各地的气候条件不同，羊舍的类型也有很大差异，各地在建羊舍时应根据当地自然条件及饲养品种、方式、规模大小和经济情况而定。

（1）长方形羊舍。这类羊舍建筑方便、实用，舍前的运动场可根据分群饲养需要隔成若干小圈。羊舍面积可根据羊群大小、每只羊应占面积及利用方式等确定（图3）。

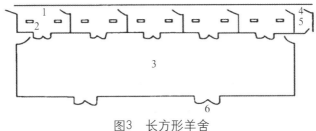

图3　长方形羊舍

1.羊舍　2.通气孔　3.运动场　4.工作室　5.饲料间　6.舍门

（2）棚式羊舍。棚式羊舍上有舍顶，四面均用立柱（砖垒柱、水泥混凝土柱或钢柱）支撑。棚式羊舍的舍内小环境受外界环境变化的影响较大，适于长江以南的亚热带和热带地区采用，不宜用于寒冷地区养羊。

棚式羊舍的建筑结构有多种类型，如木柱草木平顶式、水泥钢筋混凝土柱平拱式、钢柱彩钢瓦双坡式等（图4）。

（3）棚舍结合羊舍。这种羊舍大致分为两种类型。一种是利用原有羊舍的一侧墙体，修成三面有墙、前面敞开的羊棚，羊平时在棚内过夜，冬、春进入羊舍。另一种是三面有墙，向阳避风面为1.0～1.2米的矮墙，矮墙上部敞开，外面为运动场的羊棚，平时羊在运动场过夜，冬、春进入棚内，这种棚舍适用于冬、春天气较暖的地区。

（4）楼式羊舍。楼式羊舍又称高架羊舍，适用于长江以南的多雨地区。这种羊舍通风良好，防热、防潮性能较好。楼板多以木条、竹片铺设，间隙1～1.5厘米，离地面1.5～2.5米。夏、秋季节气候炎热、

图4　棚式羊舍

多雨、潮湿，羊可住楼上，通风好、凉爽、干燥。
冬、春冷季，楼下经过清理即可住羊，楼上可贮存饲
草（图5、图6）。

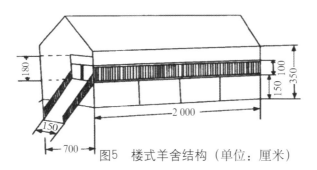

图5 楼式羊舍结构（单位：厘米）

图6 楼式羊舍

（四）生态型羊场常用设施

养羊常用设施主要包括草架、饲槽、饮水槽、栅栏、药浴池、青贮设施等。

1.草架

羊爱清洁，喜吃干净饲草，利用草架喂羊，可避免羊践踏饲草，减少浪费，还可减少感染寄生虫的机会。草架的形式多种多样，有靠墙固定的单面草架和U形两面联合草架，还有的地区利用石块砌槽、水泥勾缝、钢筋做隔栅，修成草、料双用槽架。草架长度按成年羊每只30～50厘米、羔羊20～30厘米设置，草架隔栅间距以羊头能伸入栅内采食为宜，一般宽15～20厘米。

（1）简易草架。用砖或石头砌成一堵墙，或直接利用羊舍墙，将数根1.5米以上长的木棍或木条下端埋入墙根，上端向外斜25°，木条或木棍的间隙应按羊体大小而定，一般以能使羊头部较易进出为宜。将各竖立的木棍上端固定在一根横棍上，横棍的两端分别固定在墙上即可（图7）。

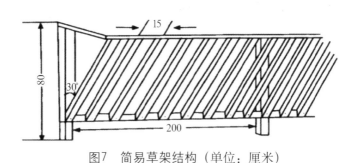

图7　简易草架结构（单位：厘米）

（2）木制活动草架。先制作一个长方形立体框，再用1.5米高的木条制成间隔15～20厘米的U形装草架，将装草架固定在立体框之间即可（图8）。

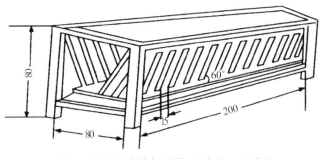

图8 木制活动草架结构（单位：厘米）

一般木制草架成本低，容易移动，在放牧或半放牧饲养条件下比较实用。舍饲条件下在运动场内用砖块砌槽、水泥勾缝、钢筋做隔栅，做成饲料、饲草两用饲槽，使用效果更好。建造尺寸可根据羊群规模设计。

2.饲槽

为了节省饲料，讲究卫生，要给羊设饲槽。可用砖、石头、土坯、水泥等砌成固定饲槽，也可用木板钉成活动饲槽。

（1）固定式饲槽。用砖、石头、水泥等砌成长方形或圆形固定饲槽。长方形饲槽（图9、图10）大小一般要求为：槽体高25～30厘米，槽内宽25～30厘米，深25厘米左右，槽壁应用水泥抹光。槽长依据羊只数而定，一般可按每只大羊30厘米、羔羊20厘米计算。圆形食槽中央砌成圆锥体，内放饲料。圆锥体外砌成高50～70厘米的砖墙，羊可分散在圆锥体四周采食。

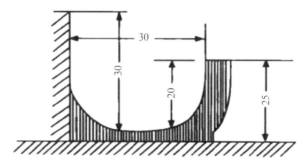

图9　固定式水泥饲槽侧面（单位：厘米）

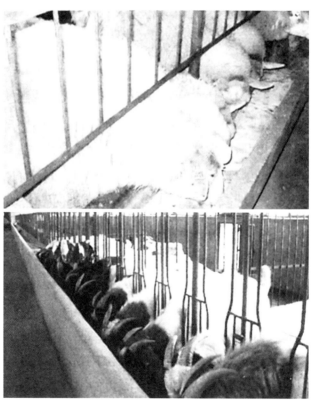

图10　固定式水泥饲槽

（2）活动式饲槽。用厚木板或铁皮制成，长1.5～2米，上宽30～35厘米，下宽25～30厘米（图11、图12）。其优点是使用方便、制造简单。

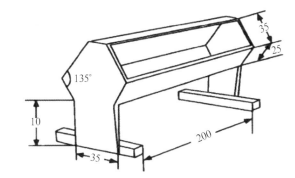

图11　移动式轻便饲槽结构（单位：厘米）

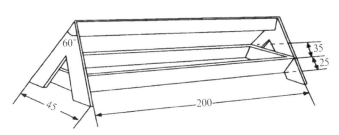

图12　移动式三角架饲槽结构（单位：厘米）

除此之外，还应设羔羊哺乳饲槽。这种饲槽可先做成一个长方形铁架，用钢筋焊接成圆孔架，每个饲槽一般有10个圆形孔，每孔放置搪瓷碗一个，用于哺乳期羔羊的哺乳。

3.饮水槽

饮水槽多为固定式砖水泥结构，长度一般为

1～2米。也可安装自动饮水器，这样能够节约用水，并且可在水箱内安装电热水器，使羊能在冬天喝上温水。

4.栅栏

（1）活动围栏。由两块栅栏板用铰链连接而成，每块高1米，长1.2～1.5米，将此活动木栏在羊舍角隅呈直角展开，并将其固定在羊舍墙壁上，可围成母仔栏（图13），目的是使产羔母羊及羔羊有一个安静又不受其他羊只干扰的环境，便于母羊补料和羔羊哺乳，有利于产后母羊和羔羊的护理。此活动围栏也可用于圈羊，使羊只圈在某一区域，以方便于抓羊等。

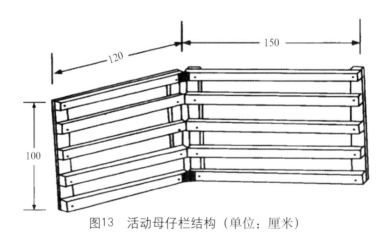

图13　活动母仔栏结构（单位：厘米）

（2）羔羊补饲栅。可用多个栅栏、栅板或网栏在羊舍或补饲场靠墙围成足够面积的围栏，并在栏间插入一个大羊不能进而羔羊可自由进出采食的栅门（图14）。

图14　羔羊补饲栅

（3）分羊栏。分羊栏供羊分群、鉴定、防疫、驱虫、测重、打号等生产技术性活动用。分羊栏由许多栅板连接而成。在羊群的入口处为喇叭形，中部为一小通道，可容许羊单行前进。沿通道一侧或两侧，可根据需要设置3～4个可以向两边开门的小圈，利用分羊栏，就可以把羊群分成所需要的若干小群。

5.药浴池

为防治羊疥癣及其他外寄生虫病，每年应定期给羊药浴。药浴池一般用水泥筑成，形状为长方形水沟状。池的深度约1米，长10～15米，底宽30～60

厘米，上宽60～100厘米，以一只羊能通过而不能转身为宜（图15至图17）。药浴池的入口端为陡坡，在出口一端筑成台阶；在入口一端设贮羊圈，出口一端设滴流台。羊出浴后，在滴流台上停留一段时间，使身上的药液流回池内。滴流台用水泥修成。在药浴池旁安装炉灶，以便烧水配药。药浴池应临近水井或水源，以利于往池内放水。有条件的养羊场、养羊户可建造药浴池排水通道。

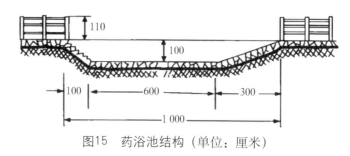

图15　药浴池结构（单位：厘米）

图16　药浴池入口

图17　药浴池出口

6.青贮设施

常用的主要有青贮窖和青贮袋。

（1）青贮窖。青贮窖分为地下式（图18、图19）、半地下式（图20）和地上式三种（图21）。地下式适用于地下水位低的寒冷地区，一般要求窖底应高出地下水位0.5～1米。

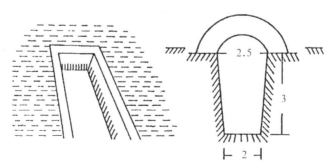

图18　地下式青贮窖结构（单位：米）

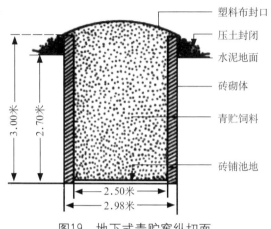

图19 地下式青贮窖纵切面

塑料布封口
压土封闭
水泥地面
砖砌体
青贮饲料
砖铺池地

3.00米
2.70米
2.50米
2.98米

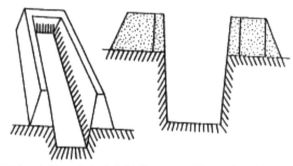

图20 半地下式青贮窖结构（左为俯视，右为侧面）

建造规格：选好窖址，挖成长方形，横截面为梯形，青贮窖的长、宽、深应根据养羊数量设计。如养150只成年羊（羔羊8月龄前不喂青贮），每只每天按1千克青贮料计算，那么每天需要青贮料为150千克，约0.2米²（按750千克/米²计算）。每天取青贮料需在横截面上截取厚10厘米以上的一层，如按10厘米计算，则横截面应该是2米²，将深设定为1.4米，那么上口宽可以为1.6米，底宽1.2米左右，若全年都有青贮，则需长度360米以上，如场地不足可以建成两个青贮窖。现在规模羊场为了取草方便，多数将青贮窖建成地上（地面）式，即用混凝土建一个梯形长槽，然后在除取草的纵面外，其余外侧都用土覆盖，以防贮草后对外侧的压力，也在冬天起到保温作用。

图21 地上（地面）式青贮窖结构（两侧没有覆盖土）

建造方法：要求窖壁光滑、坚实、不透水，防止窖壁未干而进行青贮；对于在泥土地上挖出的或四壁可能透气的青贮窖，应采用塑料薄膜垫衬窖的底部和四周，减少青贮料的损失。

（2）青贮袋。青贮袋为一种特制的塑料大袋，袋长可达36米（可截断），直径2.7米（图22）。塑料薄膜用两层帘子线增加强度，非常结实。袋装青贮损失少，成本低，适应性强，可推广利用。

图22 青贮袋

（五）生态型羊场环境保护

羊场在为市场提供优质羊产品的同时，也要产生大量的粪、尿、污水、废弃物和有害气体。对于养羊的排泄物及废弃物，如果控制与处理不当，将造成对环境及产品的污染。为此在建设羊场时，要进行羊场的绿化，要注意污物处理设施的建设，同时要做好长期的环境保护工作。

1.羊场的绿化

（1）羊场绿化的必要性。羊场绿化的生态效益是非常明显的，主要体现在以下方面。

第一，有利于改善场区小气候。羊场绿化可以明显地改善场内的温度、湿度、气流等状况。在高温时期，树叶的蒸发能降低空气温度，也增加了空气湿度，同时也显著降低了树荫下的辐射强度。一般在夏季的树荫下，气温较树荫外低3～5℃。

第二，有利于净化空气。羊场羊的饲养量大，密度高，羊舍内排出的二氧化碳也比较集中，还有一定量的氨等有害气体一起排出。经绿化的羊场能净化这些气体。据报道，每亩阔叶林，在生长季节每天可以吸收约67千克二氧化碳，产生约49千克氧气，而且许多植物还能吸收氨。

第三，有利于减少尘埃。在羊场内及其四周，如种植高大的树木，它们所形成的林带能净化大气中的粉尘。当含尘量很大的气流通过林带时，由于风速降低，大粒灰尘下降，其余的粉尘及飘尘可被树木枝叶滞留或为黏性物质及树脂所吸附，使空气变得洁净。草地的减尘作用也很显著，除可吸附空气中的灰尘外，还可固定地面上的尘土。

第四，有利于减弱噪声。树木与植被对噪声具有吸收和反射的作用，可以减弱噪声的强度。树叶的密度越大，减噪的效果也越显著。

第五，有利于减少空气及水中的细菌量。树林可以使空气中含尘量大为减少，因而使细菌失去了附着物，数目也相应减少。同时，某些树木的花、叶能分泌芳香物质，可以杀死细菌、真菌等。

第六，有利于防疫、防火。羊场外围的防护林带和各区域之间种植的隔离林带，可以起到防止人、畜任意往来的作用，因而可以减少疫病传播的机会。在羊场中进行绿化，也有利于防火。

（2）羊场的合理绿化。场界周边可设置林带。在场界周边种植乔木和灌木混合林带，特别是在场界的北、西两侧，应加宽这种混合林带（宽10米以上），以起到防风阻沙的作用。

场区内绿化主要采取办公区绿化、道路绿化和羊舍周围绿化等几种方式。场区隔离林带用于分隔场内各区。办公区绿化主要种植一些花卉和观赏树木。场内外道路两旁的绿化，一般种植 1～2 行，而且要妥善定位，在靠近建筑物的采光地段，不应种植枝叶过密、过于高大的树种，以免影响羊舍的自然采光。道路绿化，主要种植一些高大的乔木，如法桐、白杨等，而且要妥善定位，尽量减少遮光。羊舍周围绿化，主要种植一些灌木和乔木。运动场绿化，在运动场南侧及西侧设 1～2 行遮阳林，起到夏季遮阳的作用。

运动场及圈舍周围种植爬藤植物，可以营建绿色保护屏障。地锦（又名爬山虎）为多年生落叶藤本植物，从夏季防暑降温的角度考虑，可以在运动场及圈舍周围种植该种植物。为了防止羊只啃食，可以在早春季节先种植于花盆，然后移至运动场及圈舍围墙上。一般要求养羊场场区的绿化率（含草坪）达到40%以上（图23）。

图23　羊场绿化

2.羊粪的合理利用

（1）农牧结合与粪肥还田。羊粪尿主要成分易于在环境中分解。经土壤、水和大气等物理、化学过程及生物分解、稀释和扩散，逐渐得到净化，并通过微生物、植物的同化和异化作用，又重新形成植物体成分。

羊场的固体废物主要是羊粪。羊舍的粪便需要每天及时清除，然后用粪车运出场区。羊粪的收集过程必须采取防扬散、防流失、防渗漏等工艺。要求建立贮粪场和贮粪池，这些贮粪设施需要经过水泥硬化处理，目的在于防止渗漏造成环境污染。

对于一些生产水平较高的示范性羊场，可以采用简易的设备建立复合有机肥加工生产线，使得羊粪经过不同程度的处理，有机质分解、腐化，生产出高效有机肥等产品。对于一般的羊场，可以采用堆肥技术，使羊粪经过堆腐发酵，其中的微生物对一些有机成分进行分解，杀灭病原微生物及寄生虫卵，也可以减少有害气体产生。

羊粪制作有机肥，要因地制宜，达到无害化。从卫生学观点和保持肥效等方面考虑，堆肥发酵后再利用比使用生粪要好。堆肥的优点是技术和设施简单，使用方便，无臭味；同时，在堆制过程中，由于有机物的降解，堆内温度持续15～30天，达50～70℃，可杀死绝大部分病原微生物、寄生虫卵，而且腐熟的堆肥属迟效肥料，对牧草及作物使用安全。

（2）沼气池综合利用。羊场配套建设沼气池，有利于防治环境污染，对无公害养殖来说，有重要的应用价值，值得推广与实施。

沼气池按贮气方式分为水压式沼气池、浮罩式沼气池和气袋式沼气池，一般农户、养羊场大多数采用水压式沼气池。随着沼气事业的发展，近几年出现一些容积小、自然条件下产气率高、建造成本较低、进出料方便的小型沼气池。

通过分离器或沉淀池，将固体肥与液体厩肥分离，前者作为有机肥还田，后者进入沼气厌氧发酵池，或者直接将羊场的粪尿送入沼气池进行厌氧发酵法处理。

通过沼气池厌氧发酵法处理，不仅能净化环境，而且可以获得生物能源，解决养羊户的燃料问题。同时，发酵后的沼渣含有丰富的氮、磷、钾等元素，是种植业的优质有机肥。沼液可用于养鱼或牧草地灌溉，将种植业和养殖业有机地结合起来，形成了多级利用、多层次增值。目前许多国家都广泛采用此法处理反刍动物的粪尿。

3.污水处理

污水主要指生产废水和生活污水。生产废水主要来源于各类羊舍的废水，因可能含有病原微生物而被视为污染源。生活污水的主要来源有行政办公区、消毒更衣室用水和厕所产生的污水等。

羊场应采用干法清粪，实现粪、尿等的干湿分离，减少生产用水浪费，从而减少污水的产生量。

对于楼式羊舍，羊舍内的粪便由漏缝地板漏入羊舍下方的贮粪池中，粪水经冲洗进入沼气池或专门的贮污池中。

运动场内的羊粪要做到每天清扫后送走，避免雨水冲刷后产生大量污水。

污水排放采用雨污分流，雨水采用专用沟组织排水。一般来说，在羊舍建造时就应考虑到在屋顶设置天沟，这样可以通过天沟将雨水引入到羊舍的排水管，然后流到排水沟中。

在场内修建污水处理池,粪水在池内静止可使50%～85%的固形物沉淀,处理池应大而浅,但其水深不小于0.6米,最大深度不超过1.2米。修建时采用水泥硬化,最好先使用防渗漏材料。羊舍及场内所产生的污水主要是尿液及粪便冲洗污水,经收集系统收集后,排入场内的污水处理池,经过二级或三级沉淀、自然发酵后,排入周边农田或果园。

4.废气处理

羊场的废气一是来源于粪堆、粪场周围的空间,粪污中的有机物经微生物分解产生恶臭以及有害气体;另一来源是羊舍排放的污浊气体。羊场废气的恶臭除直接或间接危害人、畜健康外,还会使羊的生产力降低,使羊场周围生态环境恶化。

在管理上应及时清粪并保持粪便干燥,以减少废气产生量。利用自然通风防止恶臭气体集聚于舍内,使其排出浓度降低,达到有关规定要求。

对于场内羊粪的处理,建立封闭式粪便处理设施是必要的,这样可以减少有害气体的产生及有害气体的逸散。附设有加工有机肥厂的羊场,发酵处理间的粪便加工过程中形成的恶臭气体可以集中在排气口处进行脱臭处理,处理的技术包括化学溶解法、电场净化法和等离子体分解法3种。

5.羊场的生物安全

(1)羊场的生物安全带。羊场四周设置围墙及防护林带，最好在院墙外面建有防疫沟，沟内常年有水。防止闲杂人员及其他畜禽串入羊场。同时。利用羊舍间的防疫间距进行绿化布置，有利于防疫，同时也净化了空气，改善了生产环境。

（2）羊场蚊蝇虻的控制。蚊、蝇、虻是传播疾病的有害昆虫，对于羊场的生物安全有很大影响，因此必须予以重视。除了在易于滋生蚊、蝇、虻的污水沟定期投药物进行药杀以外，在场区设置诱蚊、诱虻、诱蝇的水池和悬挂灭蚊蝇装置也是合理的选择。

利用蚊、蝇、虻喜水、喜草、喜臭味的特性，在离羊舍 5～10 米的位置建造一个水池，并植水稻、稗草。池中央距水面高度 1 米处悬挂高光度青光电子灭蝇灯，这样既可诱杀栖息于水池内水稻、稗草上的虻，还可杀灭蚊子、苍蝇。池水中设置电极，利用土壤电处理机器每隔 1 天启动一次，每次工作 30 分钟，即可杀死水中的虻、蚊幼虫。此外，对于羊场的粪便存贮设施及粪堆，经常以塑料薄膜覆盖，也可以减少苍蝇滋生。

（3）病死羊的处理。兽医室和病羊隔离舍应设在羊场的下风头，距羊舍 100 米以上，防止疾病传播。在隔离舍附近应设置掩埋病羊尸体的深坑（井），对死羊要及时进行无害化处理。对场地、人员、用具应选用适当的消毒药及消毒方法进行消毒。

病羊和健康羊分开喂养，派专人管理，对病羊所停留的场所、污染的环境和用具都要进行消毒。

　　当局部草地被病羊的排泄物、分泌物或尸体污染后，可以选用含有效氯2.5%的漂白粉溶液、40%的甲醛、10%的氢氧化钠等消毒液喷洒消毒。对于病死羊只应作深埋、焚化等无害化处理，防止病原微生物传播。

三、营养与饲料

（一）生态型养羊对饲料的要求

饲料是发展生态型养羊的物质基础，饲料中各种营养物质为维持羊只的正常生命活动和最佳生产性能所必需，但饲料中的有毒有害成分对羊只健康和生产力、羊产品的安全和卫生、公共卫生环境造成影响，不仅关系到生态型养羊业的发展，还关系到人类自身的健康和生存环境。

生态型养羊应十分重视饲料安全。所谓饲料安全，通常是指饲料产品（包括饲料和饲料添加剂）中不含有对饲养动物的健康造成实际危害，或在畜产品中残留、蓄积和转移的有毒有害物质或因素；饲料产品以及利用饲料产品生产的畜产品，不会危害人体健康或对人类的生存环境产生负面影响。

1.羊饲草料中常见有毒有害物质

（1）天然有毒有害物质。饲料中的有毒有害物质并非都来自污染，有些是天然存在的，这些天然成分影响羊的生产力发挥，甚至产生毒害作用。根据植物（作物）中毒害成分的分布情况和毒性特点，可将它们分为三类。

第一类：新鲜、青绿及干燥状态均有毒的植物，如聚合草、猪屎豆属植物等。

第二类：在新鲜状态下有毒、经加工调制后毒性减少或消失的作物，如草木樨。

第三类：具有有毒种子的植物，青绿茎叶均无毒或毒物少，如毒麦、蓖麻子、羽扇豆等。

这些饲料作物所含毒素种类很多，但归纳起来主要有五类：生物碱类、双香豆素类、有毒氨基酸、皂角苷、毒蛋白等。

（2）次生有毒有害物质。这类物质在饲料原料中或配合饲料中本不存在，而是由于贮存不当、发霉变质后产生的。次生有毒有害物质主要来源于真菌的代谢产物，统称为真菌毒素。目前，世界上已经被肯定的真菌毒素有150多种，如黄曲霉毒素、麦角毒素、甘薯黑斑霉毒素等。

（3）外源性污染引入的有毒有害物质。其毒害成分、性状虽然和有些天然有毒有害物质完全一样，但从含量上看往往比天然饲料原料中的含量要高出许多。如由工业"三废"中排放出去的汞、氟，农药以及沙门氏菌等，均属于这一类。

2.生态型养羊对饲料的要求

（1）饲料原料。饲料原料应该来源于天然草地或种植基地，因为这里的牧草和饲料作物在种植的过程中不用农药和少用化肥，尽可能采用自然肥料来减少污染的可能性。天然草地改良采用避免污染的措施，病虫害的防治走生态和生物防治的道路，为羊提供无污染的饲料。

同时，原料具有该品种应有的颜色、气味和形态特征，无发霉变质结块及异臭，青绿饲料、干粗饲料不应发霉变质。所使用的饲料的有毒有害物质及微生物含量应符合《饲料卫生标准》（GB 13078—2017）的规定。优先使用符合绿色食品生产资料要求的饲料类产品，至少90%的饲料原料来源于已认定的绿色食品产品及其副产品，其他饲料原料可以来源于达到绿色食品标准的产品。

生态型养羊的饲料中不得使用的原料有：①转基因方法生产的饲料原料。②以哺乳类动物为原料的动物性饲料产品（除乳及乳制品外）。③工业合成的油脂。④畜禽粪便。⑤各种抗生素。

（2）饲料添加剂。具有该品种应该有的颜色、气味和形态特征，无结块、发霉、变质。优先使用符合绿色食品生产资料要求的饲料添加剂类产品。所选的饲料添加剂必须是农业农村部颁布的饲料添加剂品种目录中所规定的品种和取得批准文号的新饲料添加剂品种，同时必须是取得饲料添加剂产品生产许可证企业生产的、具有产品批准文号的产品。有毒有害物质限量应该符合GB 13078—2017的规定。禁止使用任何药物性饲料添加剂以及激素类、安眠药类药品。

（3）配合饲料、浓缩饲料、精料补充料和添加剂混合饲料。感官要求色泽一致，无霉变、结块及异臭、异味。有毒有害物质及微生物容许限量应符合GB 13078—2017的规定。配合饲料、浓缩饲料、精料补充料和添加剂预混料中的饲料药物添加剂使用应遵守《饲料添加剂安全使用规范》（农业部公告第2625号）。饲料中不得添加《禁止在饲料和动物饮水中使用的药物品种目录》（农业部公告第176号）中规定的违禁药物。

（二）羊的营养需要

羊所需要的营养物质包括糖类、蛋白质、矿物质、维生素和水等。羊对这些营养物质的需要可以分为维持需要和生产需要。维持需要是指羊为了维持正常的生理活动，体重不增不减，也不进行生产时所需要的营养物质的需要量。生产需要指羊在进行生长、繁殖、泌乳和产毛时对营养物质的需要量。

1.能量需要

饲粮的能量水平是影响生产力的重要因素之一。能量不足会导致幼龄羊生长缓慢，母羊繁殖率下降，泌乳期缩短，羊毛生长缓慢、毛纤维直径变细等；能量过高，对生产和健康同样不利。因此，合理的能量水平，对保证羊体健康、提高生产力、降低饲料消耗具有重要作用。目前表示能量需要的常用指标有代谢能和净能两大类。由于不同饲料在不同生产目的的情况下代谢能转化为净能的效率差异很大，因此采用净能指标较为准确。羊的维持、生长、繁殖、产奶和产毛所需净能应分别进行测定和计算。羊的能量需要是维持需要和生产需要的能量总和。

（1）维持能量需要（维持净能）。一般认为，在一定的活体重范围内羊的维持能量需要（NEm）与代谢体重（$W^{0.75}$）呈线性相关关系。美国国家研究委员会（NRC）（1985年）认为，其关系可表示为：

$$NEm = 234.19 \times W^{0.75}$$

式中：NEm 为维持净能，千焦；W 为活体重，千克。

（2）生长能量需要（生长净能）。NRC（1985年）认为，不同体型的绵羊（成年公羊体重115千克左右为中等体型，135千克左右为大型，95千克左右为小型）在空腹体重10～50千克的范围内用于组织生长的能量需要量为：

小型绵羊 $NEg = 1.33 \times W^{0.75} \times LWG$

中型绵羊 $NEg = 1.15 \times W^{0.75} \times LWG$

大型绵羊 $NEg = 0.98 \times W^{0.75} \times LWG$

式中：NEg 为生长净能，千焦；LWG 为活体增重，克；W 为活体重，千克。

有人认为同品种公羊每千克增重所需要的能量是母羊的82%，但NRC考虑到目前仍没有足够的研究资料能证实此数据，因此公羊和母羊仍采取相同的能量需要量。

（3）妊娠能量需要。NRC（1985年）认为羊妊娠前15周，由于胎儿的绝对生长很小，所以能量需要较少。给予维持能量加少量的母体增重需要，即可满足妊娠前期的能量需要。在妊娠后期由于胎儿的生长较快，因此需要额外补充能量，以满足胎儿生长的需要。

（4）泌乳能量需要。羔羊哺乳期增重与对母乳的需要量之比为1：5。绵羊在产后12周泌乳期内，代谢能转化为泌乳净能的效率为65%～83%，带双羔母羊比带单羔母羊的转化率高，但该值因饲料不同差异很大。奶山羊每产1千克乳脂率为4%的标准奶时需要2.9兆焦的净能，产1千克乳脂率为3%的奶时需要2.85兆焦的净能。

（5）产毛能量需要。NRC（1985年）认为产毛需要能量很少，因此产毛能量需要没有列入饲养标准中。绒山羊需要的能量与其活动程度有密切关系。舍饲羊的热能消耗较少；在牧场上放牧的山羊维持需要量可增加15%～25%；在草原上放牧的山羊，可根据放牧的距离及地形的复杂程度，增加维持需要量的30%～60%；在山区的陡坡上放牧，需增加维持需要量的50%～100%。另外，天气寒冷地区往往比温暖气候地区需增加维持需要量的70%～100%。体重为40、50、60和70千克的成年绒山羊每天的维持净能需要量分别为4.44、5.16、5.89和6.61兆焦。绒山羊在妊娠后期，热能代谢水平比空怀期提高60%～80%，40、50、60和70千克体重的绒山羊在妊娠后期每天的净能需要量分别为7.19、8.63、9.35和10.80兆焦。

2.蛋白质需要

蛋白质具有极为重要的营养作用,是动物组织和体细胞组成的基本原料,是修补组织的必需物质,还可以代替碳水化合物和脂肪的产热作用,以供给机体热能的需要。羊日粮中蛋白质不足,会影响瘤胃的作用效果,羊只生长发育缓慢,繁殖率、产毛量、产乳量下降;严重缺乏时,会导致羊只消化紊乱,体重下降,贫血,水肿,抗病力减弱。但是饲喂蛋白质过量,多余的蛋白质变成低效的能量,很不经济。过量的非蛋白氮和高水平的可溶性蛋白可以造成氨中毒。所以,合理的蛋白质水平很重要。

蛋白质需要量目前主要使用的指标有粗蛋白质和可消化蛋白,两者的关系式可表达为:

$$可消化蛋白 = 0.87 \times 粗蛋白质 - 2.64$$

其中可消化蛋白和粗蛋白质的单位为克。

由于以上两种蛋白质指标不能真实反映反刍动物蛋白质消化代谢的实质,20世纪80年代提出了以小肠蛋白为基础的反刍动物新蛋白体系,但目前因缺少基础数据,所以还没有在羊饲养实践中应用。参照NRC(1985年)的计算公式说明羊的蛋白质需要量。

$$每天粗蛋白质需要量 =$$
$$PD+MFP+EUP+DL+Wool/NPV$$

式中:PD 为羊每天的蛋白质沉积量;MFP 为粪中代谢蛋白质的日排出量;EUP 为尿内源蛋白质的日

排出量；DL 为每天皮肤脱落的蛋白质量；$Wool$ 为羊毛生长每天沉积的蛋白质量；NPV 为蛋白质的净效率。

其中 PD 可由下式推得：

$$PD = 日增重 \times (268 - 29.2 \times ECGO)$$

$ECGO$ 即每千克日增重的能量含量，单位为兆焦/克，可由下式推出：

$$ECGO = NEg / 4.12DG$$

式中：DG 为日增重，单位为克/天；NEg 为生长净能需要量，单位为兆焦/天。

说明：羊每天的蛋白质沉积量，怀单羔母羊在妊娠初期设定为 2.95 克/天，妊娠后期 4 周为 16.75 克/天；多胎母羊按比例增加。对于哺乳母羊，按产单羔时泌乳 1.74 千克/天，产双羔时 2.60 千克/天，乳中粗蛋白质含量为 47.875 克/升计算。青年哺乳母羊的泌乳量按上述数据的 70% 计算。

$MFP = 33.44 \times$ 进食干物质重，其中 MFP 的单位为克/天；进食干物质重的单位为千克/天（NRC，1984）。

$EUP = 0.14675 \times$ 活体重 $+ 3.375$，其中 EUP 的单位为克/天；活体重的单位为千克（ARC，1980）。

$DL = 0.1125 \times W^{0.75}$，$DL$ 的单位为克/天，W 的单位为千克。

$Wool$：成年母羊和公羊每天羊毛中沉积的粗蛋白质量为 6.8 克（成年羊每年污毛产量以 4.0 千克计）。

NPV 根据粗蛋白质消化率为 0.85、以其生物学效价0.66计算而得，其值为0.561。

3.矿物质营养需要

羊需要多种矿物质，矿物质是组成羊体不可缺少的营养成分，它参与形成羊的神经及肌肉系统，以及营养的消化、运输、代谢和体内酸碱平衡等活动，也是体内多种酶的重要组成部分和激活因子。矿物质营养缺乏或过量都会影响羊正常的生长、繁殖和生产。

现已证明，至少有15种矿物质元素是羊体所必需的，其中常量元素7种，包括钠、钾、钙、镁、氯、磷和硫；微量元素8种，包括碘、铁、钼、铜、钴、锰、锌和硒。

（1）钠和氯。钠可以促进神经和肌肉兴奋性，参与神经冲动的传导；氯为胃液盐酸的成分，能激活胃蛋白酶，有助于消化。钠和氯的主要作用是维持细胞外液渗透压和调节酸碱平衡。

植物性饲料中钠和氯的含量较少，而羊是以植物性饲料为主的，故而钠和氯易不足。补饲食盐是对羊补充钠和氯最普通最有效的方法。食盐对羊很有吸引力，在自由采食的情况下常常超过羊的实际需要量。一般认为在日粮干物质中添加0.5%的食盐即可满足羊对钠和氯的需要，每天每只羊需要食盐5 ～ 15克。

（2）钾。钾约占机体干物质的0.3%，主要功能是维持机体的渗透压和酸碱平衡。此外，钾还参与蛋白质和糖代谢，促进神经和肌肉的兴奋性。

在一般情况下，饲料中的钾可以满足羊的需要。

羊对钾的需要量为饲料干物质的0.5%～0.8%。绵羊对钾的最大耐受量为日粮干物质的3%。

（3）钙和磷。机体中的钙约有99%构成牙齿和骨骼，少量钙存在于血清和软组织中，血液中的钙有抑制神经和肌肉兴奋、促进血液凝固和保持细胞膜完整性等作用；机体中的磷约有80%构成骨骼和牙齿，磷参与糖、脂类、氨基酸的代谢和保持血液pH正常。

饲料中的钙和无机磷可以被直接吸收，而有机磷则需水解为无机磷才能被吸收。钙和磷的吸收需要在溶解状态下进行，因此，凡是能促进钙、磷溶解的因素就能促进钙、磷的吸收。钙和磷的吸收有密切的关系。饲料中钙磷比例在（1～2）∶1的范围内吸收率高，幼龄羊的饲料钙磷比例应该为2∶1。高钙和高镁不利于磷吸收。大量研究表明，在放牧条件下，羊很少发生钙、磷缺乏，这可能与羊喜欢采食含钙和磷较多的植物有关。在舍饲条件下，饲粮以粗饲料为主时应注意补充磷，以精料为主时则应该补充钙。

奶山羊由于奶中钙和磷含量较高，产奶量相对于体重的比例较大，所以特别应该注意补充钙和磷，如长期供应不足，将造成体内钙和磷贮存严重降低，最终导致溶骨症。

绵羊食用钙化物一般不会出现钙中毒。但是若日粮中钙过量，会加剧其他元素如磷、镁、铁、碘、锌和锰的缺乏。

（4）镁。镁参与细胞增殖、分化和凋亡过程的调控。这种调控主要通过动员细胞内镁池中的镁离子来实现的。镁缺乏的动物对体内氧化应激的敏感性升高，且机体组织对外界刺激易发生过敏反应。结果导致细胞内脂质、蛋白质和核酸氧化损伤，这些物质的氧化损伤将引起细胞膜功能改变，细胞内钙代谢紊乱，心血管疾病发生，加速衰老和致癌。

有学者研究了日粮中镁对钙、磷吸收的影响，试验结果显示，高镁降低了钙、磷的表观吸收率和钙、磷在体内的滞留率；也有学者认为，血清钙和磷的浓度不随日粮镁浓度的升高而增加，而血清镁的浓度随日粮镁浓度的升高而显著增加。缺镁将影响酶的代谢，改变细胞膜的通透性，加速钠、钾、钙依赖泵能量消耗，加快细胞内钙的贮存；增加儿茶酚胺与前列腺素样物质的合成，减少血流，导致细胞坏死等。

羊缺镁引起代谢失调。缺镁的主要症状为"痉挛"，土壤中缺镁地区的羔羊容易发生"缺镁痉挛症"。此外，早春放牧的羊，由于采食含镁量低（低于干物质的0.2%）、吸收率低（平均17%）的青牧草而发生"草痉挛"。主要表现为神经过敏、肌肉痉挛、抽搐、走路蹒跚、呼吸弱，甚至死亡。通过测定血清含量可以鉴定羊是否缺镁。正常情况下，血清中镁的含量为1.8 ~ 3.2毫克/毫升。

（5）硫。硫以含硫氨基酸形式参与被毛、蹄爪等角蛋白合成；硫是硫胺素、生物素和胰岛素的组成成分，参与碳水化合物代谢；硫以黏多糖的成分参与胶原蛋白和结缔组织代谢。瘤胃微生物能有效利用无机硫化合物，合成含硫氨基酸和维生素 B_{12}。硫是黏蛋白和羊毛的重要成分，净毛含硫量为2.7% ~ 5.4%，羊毛（绒）越细，含硫量越高。

硫在常见牧草中和一般饲料中的含量较低，仅为毛纤维含硫量的1/10左右。在放牧和舍饲情况下，天然饲料含硫量均不能满足羊毛（绒）最大生长需要。因此，硫成为了绵羊、山羊毛纤维生长的主要限制因素。大量研究表明，补充含硫氨基酸可以显著提高羊毛产量和毛的含硫量，产毛量高的群体对硫元素更敏感。

在瘤胃代谢过程中，硫是微生物活动所必不可少的元素，特别是对瘤胃微生物蛋白质的合成，进而对纤维消化产生相当大的作用。食物和唾液中的含硫化合物在瘤胃中被细菌吸收用于合成氨基酸，未被吸收的经瘤胃壁迅速吸收，并被氧化成硫酸盐，而分布于血浆和体液中血液中的硫酸盐可以经唾液分泌重新返回瘤胃，或经循环到达大肠。有学者报道，在绵羊体内，硫酸盐返回瘤胃的数量与血液中硫酸盐水平有关。硫通过胃壁的数量十分有限，主要通过唾液返回瘤胃。硫缺乏与蛋白质缺乏症状相似，出现食欲减退、增重减少、毛生长速度降低，此外还表现出唾液分泌过多、流泪和脱毛。

（6）硒和碘。硒是反刍动物必需的微量元素之一。由于硒在全球的天然分布极不均匀，我国大面积地区不同程度地缺硒。在我国北纬21° ~ 53°，东经97° ~ 135°，由东北到西南走向的狭长地带，如黑龙江、辽宁、河北、山东和四川等地的部分地区为缺硒或严重缺硒的地带。

硒具有抗氧化作用，它是谷胱甘肽过氧化物酶的成分。脂类和维生素E的吸收受硒的影响。硒对羊的生长有刺激作用。此外，硒还与动物的生长、繁殖密切相关。硒是体内脱碘酶的重要组成部分，脱碘酶与甲状腺素的生成直接相关，甲状腺素是影响动物生长发育的一种很重要的激素。因此，若处于硒、碘双重缺乏状态时，单纯补碘可能收效甚微，还必须保证硒的供给。

缺硒有明显的地域性，常和土壤中硒的含量有关，当土壤含硒量在0.1毫克/千克以下时，羊即表现硒缺乏。以日粮干物质计算，每千克日粮中硒含量超过4毫克时即会引起羊硒中毒，表现为脱毛、蹄溃烂、繁殖力下降等。

在缺硒地区，给母羊注射1%亚硒酸钠1毫升，羔羊出生后再注射0.5毫升，即可预防白肌病的发生。

碘是甲状腺素的成分。正常成年羊血清中碘含量为每100毫升血清含3～4毫克，低于此值即表明缺碘。碘缺乏会出现甲状腺肿大，羔羊发育缓慢，甚至出现无毛症或死亡。我国缺碘地区面积较大，缺碘地区的羊常用碘化食盐（含0.01%～0.02%碘化钾的食盐）补饲。每千克饲料干物质中一般推荐的碘含量为0.15毫克。

（7）铁。铁是合成血红蛋白和肌红蛋白的原料，保证机体氧的运输。铁还作为细胞色素酶类的成分及碳水化合物代谢酶类的激活剂，催化机体内各种生化反应。

缺铁的典型症状是贫血，其临床表现为生长慢，昏睡，可视黏膜变白，呼吸频率加快。一般情况下，由于牧草中铁含量较高，因而放牧羊不易发生缺铁，哺乳羔羊和饲养在漏缝地板畜舍的舍饲羊易发生缺铁。

NRC（1985年）认为每千克日粮干物质含30毫克铁即可满足各种羊对铁需要。

（8）铜和钼。铜是动物体内细胞色素氧化酶、血浆铜蓝蛋白酶、赖氨酰氧化酶、过氧化物歧化酶、酪氨酸酶等一系列酶的重要成分，以酶的辅助形式广泛参与氧化磷酸化、自由基解毒、黑色素形成、儿茶酚胺代谢、结缔组织交连、铁和胺类氧化、尿酸代谢、血液凝固和毛发形成的过程。除此之外，铜还是葡萄糖代谢调节、胆固醇代谢、骨骼矿化作用、红细胞生成等机体代谢所必需的微量元素。

反刍动物对铜的耐受量比单胃动物低，绵羊为25毫克/天，但羊肝脏含铜可达100～400毫克/千克（以干物质计）。高血铜的羊肝脏的含铜量10倍于正常值，如此高含量的肝脏含铜量常可引起反刍动物溶血、死亡。

绵羊缺铜表现为：①被毛褪色，脱毛。缺铜可影响角蛋白的合成，因此，羊毛品质异常是绵羊缺铜症最早出现的症状，牛、绵羊、骆驼、梅花鹿、兔和犬等动物都有黑毛变灰白的病例报道。缺铜的绵羊和牛出现被毛褪色，毛弯曲度消失变直，被毛粗糙，色素消失，尤以眼圈周围最为明显。②贫血。各种动物长期缺铜必然会导致贫血。铜蓝蛋白可加速运铁蛋白的生成，骨髓可直接利用运铁蛋白的 Fe^{3+} 产生网织红细胞，缺铜可妨碍正常红细胞的生成，因而产生贫血。当绵羊血液铜含量低于0.10微克/毫升时会出现贫血症。③地方性共济失调。本病主要发生于新生羔羊、犊牛、小鹿和小骆驼，也称"新生幼畜共济失调""羔羊后躯摇摆症""摇背病"等。主要以共济失调和后肢部分麻痹为特征，严重的病畜则倒地，持续躺卧，最后死于营养衰竭。澳大利亚、英国、俄罗斯及非洲均有报道，我国宁夏、内蒙古、青海、新疆、甘肃也有本病发生。④绵羊的泥炭泻。在沼泽地（泥炭或腐殖土）上生长的植物含铜量不足，长期在这种草地上放牧会出现持续性腹泻，因而将铜缺乏引起的腹泻称为泥炭泻。调查发现铜缺乏主要分布在淡灰钙土、灰钙土性质的荒漠草原以及沼泽草甸土上，发病动物排出黄绿色至黑色水样粪便，病畜极度衰竭。

由于羊对钼的需要量很小，一般情况下不易缺乏，但是当日粮中含较多铜和硫时可能导致钼缺乏，当日粮铜和硫含量太低时又容易出现钼中毒。

预防羊缺铜可以补饲硫酸铜或对草地施含铜的肥料。羊饲料中铜和钼的适宜比例应为（6～10）∶1。

（9）钴。钴是维生素 B_{12} 的成分，维生素 B_{12} 促进血红素的形成。羊瘤胃生物能利用钴合成维生素 B_{12}。

血液及肝脏中钴的含量可作为羊体是否缺钴的指标，血清中钴含量0.25微克/升为缺钴界限，若低于0.20微克/升为严重缺钴。羊缺钴时，表现为食欲下降、流泪、被毛粗硬、精神不振、消瘦、贫血、泌乳量和产毛量降低、发情次数减少、易流产。在缺钴地区，牧草可以施用硫酸钴肥，每亩0.1千克；或直接将钴添加到食盐中饲喂，每100千克食盐加钴量为2.5克，或按钴的需要量投服钴丸。

（10）锌和锰。锌是动物体内多种酶的成分和激活剂。锌有利于胰岛素发挥作用，锌还参与胱氨酸黏多糖代谢，可维持上皮组织的健康和被毛正常生长。锌能促进性激素的活性，并与精子生成有关。

羔羊缺锌会出现"侏儒"现象。绵羊缺锌时羊角和羊毛易脱落，眼和蹄上部出现皮肤不完全角化症，公羊睾丸萎缩，母羊繁殖力下降，生长羔羊的采食量下降，降低机体对营养物质的利用率，增加氮和硫的尿排出量。

一般情况下，羊可根据日粮含锌量的多少而调节锌的吸收率，当日粮含锌少时，吸收率迅速增加并减少体内锌的排出。NRC推荐的锌需要量为每千克饲料干物质20 ～ 33毫克，也有人推荐绵羊日粮的最佳锌含量为每千克饲料干物质50毫克。

锰参与三大营养物质的代谢、骨骼的形成，并与动物的繁殖有关。在实验室条件下，早期断奶羔羊如长期饲喂干物质中锰含量仅为1毫克/千克的日粮，可以观察到骨骼畸形发育现象。

缺锰导致羊繁殖力下降的现象在养羊实践中常有发生，长期饲喂锰含量低于8毫克/千克的日粮，会导致青年母羊初情期推迟、受胎率降低，妊娠母羊流产率提高，羔羊性比例不平衡、公羔比例增大而且母羔死亡率高于公羔的现象。饲料中铁和钙的含量影响羊对锰的需求。对成年羊而言，羊毛中锰含量对饲料锰供给量很敏感，因此可以作为羊锰营养状况的指标。

NRC认为，饲料中锰含量达到20毫克/千克时，即可满足各阶段羊对锰的需求。

4.维生素需要

维生素是维持动物正常生理功能所必需的低分子质量有机化合物，它是动物新陈代谢的必需参与者，作为生物活性物质，在代谢中起调节和控制作用。动物体必需的维生素分为脂溶性维生素（维生素A、维生素D、维生素E、维生素K）和水溶性维生素（B族维生素和维生素C）。

羊体内可以合成维生素C。羊瘤胃微生物可以合成维生素K和B族维生素，一般情况下不需要补充。但是维生素A、维生素D、维生素E需要饲料提供。羔羊阶段因为瘤胃功能没有完全发挥，微生物区系未建立，无法合成维生素B和维生素K，所以也需饲料提供。

（1）维生素A。绵羊每天对维生素A或胡萝卜素的需要量为每千克活重47国际单位维生素A或每千克活重6.9毫克胡萝卜素，在妊娠后期和泌乳期可以增至每千克活重85国际单位维生素A或每千克活重12.5毫克胡萝卜素。绵羊主要靠采食胡萝卜素满足对维生素A的需要。

（2）维生素D。维生素D为类固醇衍生物，分为维生素D_2和维生素D_3。放牧绵羊在阳光下，通过紫外线照射可合成并获得充足的维生素D_2，但如果长时间阴天或圈养，可能出现维生素D缺乏症。这时应饲喂经过太阳晒制的干草，以补充维生素D。

（3）维生素E。新鲜牧草的维生素E含量较高。自然干燥的干草在贮藏过程中会损失掉大部分维生素E。母羊每天每只需要30～50国际单位，羔羊为5～10国际单位。一般情况下放牧即可满足羊对维生素E的需要。

（4）B族维生素。包括硫胺素（维生素B_1）、核黄素（维生素B_2）、烟酸（维生素B_3）、生物素（维生素B_1）、泛酸（维生素B_3）、吡哆醇（维生素B_6）、叶酸、胆碱和钴胺素（维生素B_{12}）。B族维生素主要作为细胞酶的辅酶，催化碳水化合物、脂肪和蛋白质代谢中的各种反应。

（5）维生素K。维生素K的主要作用是催化肝脏对凝血酶原和凝血质的合成。青绿饲料富含维生素K_1，瘤胃微生物可大量合成维生素K_2，一般不会出现缺乏。但是，在实际生产中，由于饲料间的拮抗作用而妨碍维生素K的利用。霉变饲料中真菌霉素有制约维生素K的作用。药物添加剂，如抗生素和磺胺类药物，能抑制胃肠道微生物对维生素K的合成。以上情况均会造成缺乏，需要适当增加维生素K的喂量。

5.水的需要

动物体内水分的来源大致有饮水、饲料水和代谢水。

羊的需水量受机体代谢水平、生理阶段、环境温度、体重、生产方向以及饲料组成等诸多因素的影响。在自由采食的情况下，成年羊饮水量为干物质采食量的2～3倍。饲料中蛋白质和食盐含量增高，饮水量也随着增加。羊的生产水平高时需水量大。妊娠和泌乳母羊的需水量比空怀母羊的大。环境温度升高时需水量也增加。实验研究表明，绵羊饮0℃的水能抑制瘤胃微生物的活性，降低营养物质的消化率。

由于水来源广泛，在生产中往往不够重视，常因饮水不足而引起生产力下降。为了达到最佳生产效果，天气暖和时，应给放牧羊每天至少饮水2次。

（三）羊的饲养标准

羊的饲养标准是指羊维持生命活动和从事生产（乳、肉、毛、繁殖等）对能量和各种营养物质的需要量。它反映的是绵羊和山羊在不同发育阶段、不同生理状况、不同生产方向和水平下对能量、蛋白质、矿物质等营养物质的需要量。所以，饲养标准是进行科学养羊的依据和重要参数，对于饲料资源的合理利用、充分发挥羊的生产潜力、降低饲养成本具有重要意义。

1.绵羊的饲养标准

（1）中国建议的肉绵羊的饲养标准。中国建议的肉绵羊的饲养标准（NY/T 816—2004）中具体规定了绵羊不同生理阶段及不同体重下的干物质、消化能、代谢能、粗蛋白质、钙、磷、食盐、硫、维生素及矿物质的需要量。

（2）中国农业科学院兰州畜牧与兽药研究所建议的绵羊营养需要量。中国农业科学院兰州畜牧与兽药研究所张文远、杨诗兴等运用析因法原理，采用消化代谢试验、比较屠宰试验和呼吸面具测热法等相结合的方法，制定了中国美利奴羊不同生理阶段和生产情况下的饲养标准。

（3）美国NRC建议的绵羊的营养需要量。美国NRC（2007年）具体规定了不同类型、年龄等绵羊的日粮中能量浓度、日粮干物质采食量、蛋白质需要量、矿物质需要量及维生素需要量。

2.山羊的饲养标准

（1）中国建议的山羊的营养需要量。中国建议的山羊的饲养标准（NY/T 816—2004）中具体规定了山羊不同生理阶段及不同体重的干物质、消化能、代谢能、粗蛋白质、钙、磷、食盐、硫、维生素及矿物质的营养需要量。

（2）美国NRC建议的山羊的营养需要量。美国NRC（2007年）具体规定了不同类型、年龄等山羊的日粮中能量浓度、日粮干物质采食量、蛋白质需要量、矿物质需要量及维生素需要量。

（四）羊常用饲料成分及营养价值

养羊的实质是将饲草料转化为畜产品，因此，要获得好的经济效益和生产成绩，饲料中营养物质的平衡和合理搭配是一个重要的影响因素。在实践中，应该根据不同饲料的特点加以合理利用，以期获得理想的饲养效果。

按照饲料的营养特性将饲料分为：粗饲料、青绿饲料、青贮饲料、能量饲料、蛋白质饲料、矿物质饲料、维生素饲料和饲料添加剂八大类，见表1。

表1 饲料分类依据的原则

饲料类名	划分饲料类别依据（%）		
	自然含水量	干物质中粗纤维含量	干物质中粗蛋白质含量
粗饲料	＜45	≥18	
青绿饲料	≥45		
青贮饲料	≥45		
能量饲料	＜45	＜18	＜20
蛋白质饲料	＜45	＜18	≥20
矿物质饲料			
维生素饲料			
饲料添加剂			

1.粗饲料

又称粗料，指含能量低、粗纤维含量高（≥18）的植物性饲料，如干草、秸秆和秕壳等。这类饲料体积大、消化率低，但资源丰富，是羊等草食家畜主要的饲料。

（1）干草。 干草是由青绿牧草在抽穗期或花期刈割后干制而成（图24、图25）。豆科青干草

图24　圆柱体干草垛

图25　干草块

有苜蓿、草木樨等，禾本科青干草有燕麦、苏丹草等。成功调制的干草，应保留一定的青绿颜色，故亦称青干草。干草调制过程中，牧草中损失掉20%～40%的营养物质，只有维生素D_3增加。干草的营养价值与牧草种类、物候期和调制技术密切相关。干草的特点是：粗纤维含量较高，一般是26.5%～35.6%；粗蛋白质的含量随牧草种类不同而异，豆科干草较高，为14.3%～21.3%，而禾本科牧草和禾谷类作物干草较低，为7.7%～9.6%；能量值差异不大，消化能为9.63兆焦/千克左右；钙的含量，一般豆科干草高于禾本科干草，如苜蓿为1.42%，禾本科为0.72%。

（2）秸秆。指农作物收获后剩下的茎叶部分，主要有玉米秸秆、麦秸、豆秸、谷草等。秸秆的特点是：粗纤维含量高，占干物质的31%～45%；木质素、半纤维素、硅酸盐含量高，且质地粗硬、适口性差、消化率低。消化能一般在7.78～10.46兆焦/千克；粗蛋白质含量低，豆科秸秆为8.9%～9.6%，禾本科为4.2%～6.3%；粗脂肪含量较少，为1.3%～1.8%；胡萝卜素含量低，禾谷类秸秆为1.2～5.1毫克/千克。秸秆饲料虽有许多不足之处，但经过加工调制后，营养价值和适口性有所提高，仍是羊的主要饲料。

2.青绿饲料

指饲料中自然水分含量大于45%的青绿多汁饲

料。包括天然牧草、人工栽培牧草、叶菜类、根茎类、水生植物等，牧草及作物有紫花苜蓿、草木樨、青刈玉米、苏丹草等，根茎类主要有胡萝卜、甜菜等。青绿饲料含水量高，蛋白质含量高，而粗纤维含量低，钙磷比例适宜，维生素含量较丰富。可见青绿饲料是一种营养相对平衡的饲料，青绿饲料与由它调制的干草可以长期单独组成羊的日粮，保证羊生产性能的发挥。

3.青贮饲料

将新鲜青绿饲料装填到密闭的青贮容器内，在厌氧条件下利用乳酸菌发酵产生乳酸，当pH接近4.0时，则所有微生物处于被抑制状态，以保存青绿饲料。在青贮过程中，营养物质损失低于10%。青贮饲料中粗蛋白质和胡萝卜素含量较高，具有酸香味，柔软多汁，适口性好，容易消化，是冬季优良的补饲饲料。

4.能量饲料

指体积小、粗纤维含量低、能量含量高的饲料，作为羊的精饲料。例如，籽实类饲料，包括玉米、大麦、高粱、青稞、燕麦、豌豆和蚕豆等；糠麸类饲料（种子表皮磨下部分，含有少量淀粉）的粗纤维含量略高于籽实饲料而低于粗饲料，其能量少于籽实饲料而多于粗饲料，故亦列入精饲料。

5.蛋白质饲料

也称蛋白质补充饲料，主要有植物性蛋白质饲料、动物性蛋白质饲料、单细胞蛋白质饲料及非蛋白氮饲料。在羊生产中大量使用的是植物性蛋白质饲料，主要包括豆类籽实、饼粕类及加工副产品。豆类籽实蛋白质含量高，且氨基酸组成较好，常用的豆类籽实饲料有大豆、豌豆。常用的饼粕类饲料有大豆饼（粕）、棉籽饼（粕）、菜籽饼（粕）等。另外，非蛋白氮饲料（如尿素）在反刍动物上应用较广泛，主要借助反刍动物瘤胃中共生的微生物的活动，作为微生物的氮源间接补充蛋白质。

6.矿物质饲料

属于无机物饲料。羊体所需要的多种矿物质仅从植物性饲料中不能得到满足，需要额外补充。常用的矿物质补充饲料有：食盐、骨粉、石灰石粉、蛋壳粉、贝壳粉和脱氟磷矿粉等。

7.饲料添加剂

包括营养性饲料添加剂和非营养性饲料添加剂。营养性饲料添加剂指用于补充饲料营养成分的少量或微量物质，包括饲料级氨基酸、维生素及矿物质元素等。非营养性添加剂指为保证或改善饲料品质、提高饲料利用率而掺入饲料中的少量或微量物质。

（五）饲料配制

日粮是羊一昼夜所采食的饲草饲料总量。日粮配合就是根据羊的饲养标准和饲料营养特性，选择若干种饲料原料按一定比例搭配，使日粮能满足羊的营养需要的过程。因此，日粮配合实质上是使饲养标准具体化。在生产上，对具有同一生产用途的羊群，按日粮中各种饲料的百分比，配合而成大量的、再按日分顿喂给羊只的混合饲料，称为饲粮。

1.日粮配合的原则

一是日粮要符合饲养标准，即保证供给羊只所需要各种营养物质。但饲养标准是在一定的生产条件下制定的，各地自然条件和羊的情况不同，故应通过实际饲养的效果，对饲养标准酌情修订。二是选用饲料的种类和比例，应取决于当地饲料的来源、价格以及适口性等。原则上，既要充分利用当地的青、粗饲料，也要考虑羊的消化生理特点，其体积要求羊能全部吃进去。

2.日粮配合的步骤

其一，要确定饲喂对象的相应标准所规定的营养需要量。其二，先应满足粗料的喂量，即先选用一种主要的能量饲料，如青干草或青贮料。其三，确定补充饲料的种类和数量，一般是用混合精料来满足能量和蛋白质需要量的不足部分。最后，用矿物质补充饲料来平衡日粮中的钙、磷等矿物质元素的需要量。

3.饲料配方的计算方法

羊日粮是指羊在一昼夜内采食各种饲料的数量总和。但在实际生产中并不是按一只羊一天所需来配料的，而是对一群羊所需的各种饲料，按一定比例配成混合饲料来饲喂。配合日粮的方法和步骤有多种。一般所用饲料种类越多，选用营养需要的指标越多，计算过程就越复杂，有时甚至用手算不能很好完成。因此，在现代畜牧生产中，已经应用电子计算机来完成饲料配方的计算，既方便又快捷。而小规模养羊或农户养羊因饲料不很固定，可用试差法手工计算。试差法的计算步骤如下。

第一步：确定舍饲羊群中，羊的平均体重和日增重水平，作为日粮配方的基本依据。

第二步：计算出每千克饲粮的养分含量，用羊的营养需要量除羊的采食量即为每千克饲粮的养分含量（%），比如粗蛋白质含量为15%，能量8.2兆焦，钙0.8%，磷0.4%。

第三步：确定拟用的饲料，列出选用饲料的营养成分和营养价值表，以便选用计算。

第四步：以日粮中能量和蛋白质含量为主，留出矿物质和添加剂的份额，一般为2%～3%，试配出初步混合饲料。

第五步：在保持初配混合料能量浓度和蛋白质含量基本不变的前提下，调整饲料原料的用量，以降低日粮成本，并保持能量和蛋白质这两项基本营养指标符合需要。

第六步：在能量和蛋白质含量以及饲料搭配基本符合要求的基础上，调整补充钙、磷和食盐以及添加剂等其他指标。

4.注意事项

在夏季高温时，羊采食量下降，为减轻热应激、降低日粮中的热增耗而保持净能不变，在做日粮调整时，应减少粗饲料含量，保持有较高浓度的脂肪、蛋白质和维生素，以平衡生理上需要。抗高温添加剂有维生素C、阿司匹林、氯化钾、碳酸氢钠、氯化铵、无机磷、瘤胃素、碘化酪蛋白等。在寒冷季节，为减轻冷应激，在日粮中，应添加含热能较高的饲料。从经济上考虑，用粗饲料作热能饲料比精饲料价格低。

（六）生态型养羊饲料添加剂的应用

1.营养添加剂

营养添加剂是用少量或微量添加剂，来补充日粮中某些营养物质的不足，完善日粮的全价性，从而提高饲料的利用率。在草场上放牧的育肥羊，四季营养物质的供应极不平衡；舍饲育肥的羊，饲料种类少，营养不全面。通过补饲添加剂饲料，可以平衡羊日粮中缺乏的营养物质，以增强前胃微生物的合成速度，从而提高营养物质的消化率和利用率。

（1）非蛋白氮（NPN）添加剂。非蛋白氮（NPN）添加剂可部分替代饲料中的天然蛋白质，而被广泛应用于动物营养中。用于羊育肥的非蛋白氮化合物主要是尿素。

尿素的饲用价值：尿素是氮和二氧化碳在高温高压下化合而成。纯尿素含氮量47%，如果尿素中的氮全部被瘤胃微生物合成蛋白质，则1千克尿素相当于2.6～2.8千克蛋白质，即相当于6.5千克豆饼中所含的蛋白质。

尿素的毒性：尿素本身是无毒的，但其分解释放氨的速度是微生物合成蛋白质速度的4倍左右。水解释放的氨会与二氧化碳很快结合形成氨基甲酸，然后进入血液就会发生中毒。反刍动物尿素中毒症状一般在喂后30～60分钟内发生，症状轻时表现为精神不振、动作不协调；重时表现为四肢抽搐，瘤胃臌气，呼吸困难。如不及时治疗，可在2～3小时死亡。发生尿素中毒最简单易行的急救方法，是给中毒动物灌服5%乙酸溶液或食醋。

影响尿素利用的因素：①日粮中的碳水化合物。微生物利用氨合成微生物蛋白时，需要一定数量的能量和碳架，这些养分主要是饲料中碳水化合物在瘤胃中发酵产生的。提高日粮中有效能的数量，可提高微生物蛋白的合成量。有利于微生物摄取氨的有效碳水化合物顺序是：糊化淀粉＞淀粉＞糖蜜＞单糖＞粗饲料。②日粮中的蛋白质。反刍动物利用尿素的效果与日粮中蛋白质水平有很大关系，蛋白质水平越低，饲喂尿素的效果越好。蛋白质水平达18%时，尿素利用率有较大下降。反刍动物利用尿素合成的微生物蛋白，具有较高的生物学价值，但其中的蛋氨酸、胱氨酸等含硫氨基酸含量变低。因此，用尿素饲喂反刍动物时，如能补饲一些蛋氨酸或硫酸盐，则效果更佳。含尿素日粮的最佳氮、硫比为10：1。③其他因素。磷、硫和维生素A、维生素D可促进尿素氮的利用，对提高日粮中纤维素的消化率及促进生长都是有益的，而钙、镁、铜、锌、钴、硒等元素，能通过提高瘤胃微生物的活力，改善尿素氮的利用率。低分子质量脂肪酸既是微生物合成的基本碳架，又是微生物的生长因子。因此，补充脂肪酸有利于尿素的利用。此外，在尿素饲料中添加风味剂，可改善适口性，增加尿素氮的利用量。瘤胃pH对尿素利用也有影响，瘤胃内偏碱性时，氨多以游离NH_3存在，瘤胃壁对NH_3的吸收力增强，易造成氮素损失和氨中毒；瘤胃内偏酸性时，多以NH_4^+存在，胃壁对NH_4^+的吸收力降低。因而，有较多的NH_4^+用于合成微生物蛋白。

尿素使用方法及注意事项：①制成混合饲料或颗粒饲料。以尿素占混合料的1%～2%为宜，不能超过3%。②制成高蛋白配合饲料。用70%～75%的谷物饲料、20%～25%的尿素和5%的钠膨润土充分混合，在150 ~ 160℃的高温下压制成高蛋白添加剂，使饲料中糊化淀粉与熔化的尿素结合在一起形成稳定的混合物。③在青贮饲料或碱化处理秸秆时添加尿素。青贮玉米中添加0.5%尿素，可使总粗蛋白质含量达到10% ~ 12%。碱化秸秆时加入3% ~ 5%的尿素能明显提高秸秆的营养价值。④制成非蛋白氮舔食盐块。此法是目前我国养羊生产实践中广泛应用的一种方法。其优点是便于贮藏、运输、采食均匀、利用率高、不易造成中毒。用10千克尿素溶于5千克热水中，加食盐40千克、糖蜜20千克、碎谷料40千克、肉粉5千克、骨粉7千克，压成砖供羊舔食。⑤复方瘤胃缓释尿素。市场上有两种复方瘤胃缓释尿素产品，一种是颗粒饲料，是将尿素、缓释剂和淀粉质及载体混合，经硬制粒方法制成硬粒料；另一种是结晶饲料，是将脲酶制剂混合在饲料中。

（2）微量元素。由于矿物质元素随家畜采食牧草或补料进入体内，而不同地区牧草饲料中矿物质的种类和数量有很大差异，常引起家畜营养不平衡症状，因而人为补充矿物质添加剂显得十分重要。①膨润土。膨润土是火山熔岩在酸性介质条件下被热液蚀变的产物，俗称皂土或黏土，其中含硅30%、钙10%、铝8%、钾6%、镁4%、铁4%、钠2.5%、锰0.3%、氯0.3%、锌0.01%、铜0.008%、钴0.004%。膨润土有很强的离子交换能力，并有提高营养物质利用率的作用。苏联学者（1980年）研究了膨润土对绵羊生产性能的影响，在基础日粮中加补1%膨润土，结果表明，羊体重和羊毛长度分别比对照组高5.4%和8.1%。张世铨报道，内蒙古细毛羊羔羊在100天青草期放牧时，每只每天用30克膨润土加100毫升水灌服，试验组比对照组毛长增加0.8厘米，每平方厘米剪毛量增加0.039克。②沸石。沸石是一种白色或多色矿石，具有较强的吸附和离子交换性能，其成分因产地而不同，一般含有铝、铁、钙、钾、钛、硅、镁、钠、磷等元素。常用添加剂量为1%～2%。③稀土。稀土是元素周期表中钇、钪及全部镧系元素共17种元素的总称。据张英杰报道，在放牧加补饲条件下，试验组每天每只添加硝酸稀土0.5克，经60天试验，试验组小尾寒羊比对照组平均体重提高11.3%。④微量元素盐砖。根据研究给反刍动物饲喂含有各种微量元素的盐砖，是补充反刍动物微量元素的简易方法。反刍动物用的复合盐，最好使用瘤胃中易溶解的微量元素硫酸盐。近年来，世界上许多国家广泛采用各种结构不同且成分复杂的矿物质－蛋白质－维生素添加剂。既增加了日粮蛋白质，又保证了动物生产效益的提高。

2.营养调控剂

（1）瘤胃素。瘤胃素是莫能菌素的商品名，是灰色链球菌发酵产物经提纯后的抗生素，作为离子载体运送金属离子通过生物膜。目前瘤胃素已成为一种新型的饲料添加剂，很多国家用来育肥肉牛或绵羊。瘤胃素作为一种丙酸促进剂，可提高瘤胃内挥发性脂肪酸中丙酸的含量；减少瘤胃对饲料蛋白质和氨基酸的降解，抑制瘤胃内甲烷的生成；维持瘤胃正常的pH，预防臌胀病的发生等。

（2）缓冲剂。饲料中添加缓冲剂有避免因饲料变化而引起的酸中毒的作用。目前常用的饲料缓冲剂有碳酸氢钠、碳酸钙、氧化镁、磷酸钙、膨润土等。一般碳酸氢钠和氧化镁以3∶1的比例混合使用效果好。

碳酸氢钠能中和青贮料中的酸性和瘤胃微生物产生的有机酸，提高乙酸、丙酸的比例和有机酸的消化率。能与蛋白质结合成复合体，减少在瘤胃内的降解，增加过瘤胃蛋白的数量，并提高淀粉、纤维素的消化率。可预防酮血病、脂肪肝、酸中毒。当日粮中精料比例过大或仅喂发酵饲料，或饲料粉碎得过细，或由高粗料日粮突然转变为高精料日粮时，可添加碳酸氢钠，剂量为日粮的0.75%～1.0%。

（3）甲烷抑制剂。反刍动物瘤胃中产生的甲烷，使饲料总能损失10%左右。研究表明，二氯乙烯基二甲基磷酸盐、三氯甲烷、淀粉等具有抑制瘤胃甲烷生成的作用，用这类卤代化合物喂羊，可使饲料消耗降低5%左右。

（4）二芳基碘化学品。这类化合物主要抑制瘤胃中氨基酸的分解，对缬氨酸、蛋氨酸、异亮氨酸、亮氨酸、苯丙氨酸的保护最为有效。在低蛋白日粮条件下，可获得良好的保护效果。

（5）酶制剂。酶制剂是近年来研究的一种调控剂，应用于犊牛、绵羊日粮中。培育犊牛时，在其日粮中最好加入含蛋白分解酶和碳水化合物酶的制剂；但在育肥条件下，最好只加弱酸、弱碱条件下（pH7.6 ～ 6.5）有一定效果的碳水化合物酶。利用含果胶酶、纤维素酶和半纤维素酶的混合酶制剂处理稿秆、草类等粗饲料后饲喂羊，效果良好。

四、繁育技术

发展生态型养羊，生产安全优质的羊产品，繁育是关键环节之一。繁育是增加羊群数量和提高羊群质量的必要手段。为了提高羊的繁殖力，必须掌握羊的繁殖特性和规律，了解影响繁殖的各种内外因素。在养羊生产中，运用繁殖规律，采用先进的繁育技术措施，使养羊生产能按人们要求有计划地进行，以不断提高羊的繁殖力和生产性能。

（一）羊繁殖的生理基础

1.羊的繁殖季节

一般来说，羊为季节性多次发情动物。属于短日照型繁殖动物，每年秋季随着光照从长变短，羊便进入了繁殖季节。我国牧区、山区的羊多为季节性多次发情类型，而某些农区的羊品种，如湖羊、小尾寒羊等，经长期舍饲驯养，往往终年可发情，或存在春、秋两个繁殖季节。

羊的繁殖受季节因素的影响，而不同的季节，光照时间、温度、饲料供应等因素也不同，因此季节对羊繁殖机能的影响，实际上就相当于光照时间、温度和饲料等因素对羊繁殖机能的影响。

（1）光照。光照的长短变化对羊的性活动影响明显。赤道附近，由于全年的昼夜长度比较恒定，该地区培育的品种性活动不易随白昼长短的变化而有所反应，即光照时间的长短对其性活动的影响不大。在非高海拔和非高纬度地区，光照时间的长短常因季节不同而发生周期性变化。冬至白昼最短，黑夜最长，此后，白昼渐长，黑夜渐短，到春分时，昼夜相等，直到夏至时，白昼最长，黑夜最短，此后又向相反方向变化。白昼的长短意味着光照时间的长短。羊的繁殖季节与光照时间长短密切有关。几乎所有品种的繁殖季节都在秋分至春分之间，而繁殖季节的中期接近一年中的光照时间最短的时期，这说明绵羊的性活动与光照时间关系很密切，在一年之中，繁殖季开始于秋分光照由长变短时期，而结束于春分光照由短变长时期。

（2）温度。一般情况下，光照长短和温度高低相平衡。因此，温度对羊的繁殖季节也有影响，但其作用与光照相比是次要的。

（3）饲料。饲料充足，营养水平高，则母羊的繁殖季节就可以适当提早，相反就会推迟。在繁殖季节来临之前适当时期，采取加强营养措施，进行催情补饲，这样不但能提早繁殖季节，而且可以增加双羔率；如果长期营养不良，则其繁殖季节就会推迟开始，较早结束。由此可见，饲料供应情况，营养水平高低，对母羊的繁殖影响很大。

2.发情

（1）发情征兆。绵羊、山羊达到性成熟后有一种周期性的性表现，如有性欲、兴奋不安、食欲减退等一系列行为变化，母羊外阴红肿、子宫颈开放、卵泡发育、分泌各种生殖激素等一系列生殖系统变化。母羊的这些性表现及行为变化称之为发情。

山羊的发情征兆及行为表现很明显，特别是咩叫、摇尾、相互爬跨等行为很突出。绵羊则不如山羊明显，甚至出现安静发情。

（2）发情周期和发情持续期。母羊从发情开始到发情结束后，经过一定时间又周而复始地重复这一过程，两次发情开始间隔的时间就是羊的发情周期。绵羊正常发情周期的范围为14～21天，平均为17天。山羊正常发情周期的范围为18～24天，平均为21天。母羊的发情持续时间称为发情持续期。绵羊发情持续期平均为30小时，山羊平均为40小时。母羊排卵一般在发情中后期，故发情后12小时左右配种最适宜。

（3）发情鉴定方法。母羊发情鉴定有以下几种方法：①外部观察。直接观察母羊的行为征兆和生殖器官的变化来判断其是否发情，这是鉴定母羊是否发情最基本、最常用的方法。②阴道检查。采用羊阴道开膣器插入阴道，检查生殖器的变化，如阴道黏膜颜色潮红、充血，黏液增多，子宫颈变松弛等，可以判定母羊已发情。③公羊试情。用公羊对母羊进行试情，根据母羊对公羊的行为反应，结合外部观察来判定母羊是否发情。试情公羊要求性欲旺盛，营养良好，健康无病，一般每100只母羊配备2～3只试情公羊。试情应在每天清晨进行。试情公羊进入母羊群后，用鼻去嗅母羊，或用蹄子去挑逗母羊，甚至爬跨到母羊背上，母羊不动，不拒绝，或伸开后腿排尿，这样的母羊即为发情羊。初配母羊对公羊有畏惧心理，当试情公羊追逐时，不像成年发情母羊那样主动接近。但只要试情公羊紧跟其后者，即为发情羊。

3.初情期、性成熟期和初配年龄

（1）初情期。母羊生长发育到一定的年龄时开始出现发情现象，母羊第一次出现发情症状即是初情期的到来。此时虽然母羊有发情症状，但往往发情周期不正常，其生殖器官仍在继续生长发育之中，故此时不宜配种。一般绵羊的初情期为4～8月龄，某些早熟品种如小尾寒羊初情期为4～5月龄；山羊初情期为4～6月龄。

（2）性成熟期。随着第一次发情的到来，在雌激素的作用下，生殖器官增长迅速，生长发育日趋完善，具备了繁殖能力，此时称为性成熟期。羊的性成熟期一般为5～10月龄。母羊的初情期和性成熟期主要受品种、个体、气候和饲养管理条件等影响。

（3）初配年龄。羊的初配年龄与气候条件、营养状况有很大关系。南方有些山羊品种5月龄即可进行第一次配种，而北方有些山羊品种初配年龄需到1.5岁。山羊的初配年龄多为10～12月龄，绵羊的初配年龄多为12～18月龄，根据经验，以羊的体重达到成年体重70%时进行第一次配种较为适宜。

4.羊的配种

羊的配种安排一般根据各地区、各羊场每年的产羔次数和时间来决定。一年一产的情况下，有冬季产羔和春季产羔两种。产冬羔时间在1～2月份，需要在8～9月份配种；产春羔时间在4～5月份，需要在11～12月份配种。随着现代繁殖技术的应用，密集型产羔体系技术越来越多地应用于各大羊场。在两年三产的情况下，第一年5月份配种，10月份产羔；第二年1月份配种，6月份产羔，9月份配种，来年2月份产羔。在一年两产的情况下，第一年10月份配种，第二年3月份产羔；4月份配种，9月份产羔。

（二）生态养羊繁育技术

1.配种技术

羊的配种主要有两种方式：一种是自然交配，另一种是人工授精。

（1）自然交配。自然交配是让公羊和母羊自行直接交配的方式。这种配种方式又称为本交。由于生产计划和选配的需要，自然交配又分为自由交配和人工辅助交配。①自由交配。自由交配是按一定公母比例，将公羊和母羊同群饲养，一般公母比为1：（15～20），最多1：30。母羊发情时便与同群的公羊自由进行交配。这种方法又称群体本交，其优点是可以节省大量的人力、物力，也可以减少发情母羊的失配率，对居住分散的家庭小型牧场很适合。②人工辅助交配。人工辅助交配是平时将公、母羊分开饲养，经鉴定把发情母羊从羊群中选出来和选定的公羊交配。这种方法克服了自由交配的一些缺点，有利于选配工作的进行，可防止近亲交配和早配，也减少了公羊的体力消耗，有利于母羊群采食抓膘，能记录配种时间，做到有计划地安排分娩和产羔管理等。③母羊群固定公羊的自由交配。在发情季节，按一定公母比例，将公羊和母羊同群饲养，一般25只母羊放入一只公羊，小圈单独饲养。一般为了节省公羊体力，便于公羊补充营养，可将公羊早上放入母羊群，下午再撤出集中饲养管理。这种方法优点是可以节省大量的人力、物力，也可以减少发情母羊的失配率，但需要母羊群小圈饲养，并且要防止混圈。

（2）人工授精。人工授精是用器械采取公羊的精液，经过精液品质检查和一系列处理，再将精液输入发情母羊生殖道内，实现母羊受胎的配种方式。人工授精可以提高优秀种公羊的利用率，比本交增加与配母羊数十倍，节约饲养大量种公羊的费用，加速羊群的遗传进展，并可防止疾病传播。

2.人工授精技术

人工授精是近代畜牧科技的重大成果之一。通过人工方法采集公羊的精液，经一系列的检查处理后，再注入发情母羊的生殖道内，使其卵子受精，繁殖后代。人工授精最大的优点是增加了公羊的利用率，迅速提高羊群的质量。公羊的一次射精量，经过稀释后，可供几十只母羊使用。同时，冷冻精液的制作，可实现远距离的异地配种，使某些地区在不引进种公羊的前提下，就能达到杂交改良和育种的目的，扩大优秀种公羊的配种辐射面。人工授精是将精液输到母羊的子宫颈内，公羊的精液品质经过检查，可以提高受胎率，也可以节省种公羊的购买和饲养费。另外人工授精的公、母羊不直接接触，使用器械经严格消毒，可减少疾病传染的机会。

人工授精方法适用于有一定技术力量的大型羊场或规模较大的养殖户，也适用于社会化服务体系比较完善的养羊地区。

采用人工授精技术，一只优秀公羊在一个繁殖季节里可配300 ~ 500只母羊，有的可达1 000只以上，对羊群的遗传改良起着非常重要的作用。人工授精的主要技术环节有采精，精液品质检查，精液的稀释、保存、运输和输精等。

五、饲养管理技术

（一）羊的生态饲养方式

羊的生态饲养方式归纳起来有三种：放牧饲养、舍饲饲养和半放牧半舍饲饲养。选择哪一种生态饲养方式，要根据当地草场资源、牧草种植、农作物秸秆的数量、羊舍面积以及不同生产方向的绵羊、山羊品种类型来确定。在保护生态环境的前提下，充分利用天然草场进行放牧，并对农作物秸秆进行合理加工和利用，以保证羊正常生长发育需要，充分发挥生产性能，降低饲养成本，提高经济效益。

1.放牧饲养方式

该方式是除暴风雪和强降水天气外，一年四季羊群都在草场上放牧的饲养管理模式，是我国北方牧区、青藏高原牧区、云贵高原牧区和半农半牧区养羊生产的主要方式。这些地区拥有面积广大的天然草原、林间和林下草地、灌丛草地，具有羊群放牧饲养得天独厚的生态环境条件和牧草资源优势。放牧的过程中，应根据羊的品种区别对待。细毛羊、半细毛羊、毛皮用羊、肉用绵羊应选择地势较平坦、以禾本科为主的低矮型草场进行放牧。毛用和绒用山羊应选灌丛较少、地势高燥、坡度不大的草山草坡放牧。肉用山羊被毛短，行动敏捷，喜食细嫩枝叶，适宜于山地灌丛草场放牧。当草场载畜量偏高，牧草生长发育受到限制时，要减少放牧强度，在放牧饲养外进行补饲，否则会影响羊的正常生长和繁殖，降低生产性能，破坏草原生态环境。

这种放牧饲养投资小，饲养成本低，饲养效果取决于草畜平衡，关键在于控制羊群数量，提高单产，合理保护和利用草场。因此，在春季牧草返青前后，冬季冻土之前的一段时间，要适当降低放牧强度，组织好放牧管理，兼顾羊群和草原双重生产性能，才能取得良好的经济效益和生态效益。

2."放牧+舍饲"饲养方式

这种饲养方式结合了放牧与舍饲的优点，可充分利用自然资源，产生良好的经济和生态效益，适合于饲养各种生产方向和品种类型的绵羊、山羊，是半农半牧区、山区、丘陵地带广泛采用的一种养羊生产模式。在生产实践中，要根据不同季节牧草生产的数量和品质、羊群本身的生理状况，规划不同季节的放牧和舍饲强度，确定每天放牧时间的长短和在羊舍饲喂的次数和数量，实行灵活而不均衡的"放牧＋舍饲"饲养方式。一般夏秋季节各种牧草灌木生长茂盛，通过放牧能满足营养需要，可不补饲或少补饲。冬春季节，牧草枯萎，量少质差，单纯放牧不能满足营养需要，必须加强补饲。为了缩短肉用羊的肥育期，提高奶山羊产奶量，夏秋季节在放牧的基础上还需进行适当补饲。

这种饲养方式的效果取决于当地草场和农作物资源状况，关键在于夏秋季节的草料储备。如果能根据羊的品种，合理种植牧草，及时贮存青绿饲料和农作物秸秆，就能获得良好的经济和生态效益。

3.舍饲饲养方式

舍饲饲养是把羊群关在羊舍中饲喂，适合在缺乏放牧草场的农区和城镇郊区，或肉用羊的肥育和高产奶山羊集约化、规模化生产时采用。这种饲养模式由于实施全舍饲，可减少羊只放牧游走的能量消耗，有利于肉羊的育肥和奶羊生产更多的乳汁，也可减轻草场的压力，对当前草原生态建设有积极的作用，但不能通过放牧形式利用牧草资源，人力物力的消耗较大，因此饲养成本较高。要求有丰足的草料来源、宽敞的羊舍、足够的饲槽和草架，及一定面积的运动场。要搞好舍饲饲养，必须种植大面积的饲料作物，收集和贮备大量的青绿饲料、干草和秸秆，才能保证全年饲草的均衡供应。肉用品种等高产羊群需要营养较多，在喂足青绿饲料和干草的基础上，还必须适当补饲精料。

舍饲饲养的效果取决于羊舍等生产的设施状况

和饲草料储备情况，关键在于品种的选择、营养的平衡、疫病的防控和环境条件等多种生产要素的综合控制。故需引进高产良种，实施密集的生产体系，缩短饲养周期，提高羊群的出栏率，才能获得较高的经济和生态效益。

（二）生态型养羊饲养管理技术

1.种公羊的饲养管理

种羊对于羊群的繁殖有重要的意义，直接影响到羊群的质量，因此对于种羊饲养需要特别注意。首先在选择种羊的时候要谨慎认真，要选择市场价值、收益高的种羊品种。

种公羊数量少，但种用价值高，对后代影响大，故在饲养管理上要求比较精细。种公羊的基本要求是体质结实，不肥不瘦，精力充沛，性欲旺盛，精液品质良好，保证和提高种公羊的繁殖能力和利用效果。据研究，种公羊一次射精量1毫升，需要摄入可消化蛋白质50克。在饲养上，应根据饲养标准合理搭配饲料，并选择优质的天然或人工草场放牧。种公羊适宜采用"放牧＋补饲"的饲养方式。

（1）种公羊饲养注意事项。①日粮全价。在饲养上，应根据饲养标准配合日粮，日粮应该营养价值高、品质优良、体积较小、容易消化、富含蛋白质、维生素和矿物质，特别是蛋白质供应必须充足。②加强运动。在管理上，可采取单独组群饲养，并保证有足够的运动量。实践证明，种公羊最好的饲养方式是放牧加补饲。

（2）种公羊的饲养管理。依据种公羊配种强度及其营养需要特点，可把种公羊的饲养管理分为配种期和非配种期两个阶段：①非配种期的饲养管理。种公羊在非配种期，虽然没有配种任务，但仍不能忽视饲养管理工作。非配种期的种公羊，除应供给足够的热能外，还应注意足够的蛋白质、矿物质和维生素的补充。夏秋以放牧为主，草场植被良好的情况下，一般不需补饲。在冬季及早春时期，每天每只羊补饲玉米青贮2.0千克，混合精料0.5～0.7千克，胡萝卜0.5千克，食盐10克，骨粉5克，并要满足优质青干草的供给。在冬、春季节，坚持适当的放牧和运动，每天运动时间4～6小时。②配种期的饲养管理。为保证公羊在配种季节有良好的种用体况和配种能力，在进入配种期前1～1.5个月，就应加强种公羊的营养，在一般饲养管理的基础上，逐渐增加精饲料的供应量，并增加蛋白质饲料的比例，给量为配种期标准的60%～70%。在舍饲期的日粮中，禾本科干草一般占35%～40%，多汁饲料占20%～25%，精饲料占40%～45%。配种期日喂混合精料0.8～1.5千克，鸡蛋2～3枚，胡萝卜1千克，青干草自由采食。配种结束后的公羊主要在于恢复体力，增膘复壮，日粮标准和饲养制度要逐渐过渡，不能变化太大。

（3）饲养日程管理。对于开展人工授精的羊场，除了按照种公羊营养需要配制日粮外，在管理上要注意，种公羊在配种前1个月开始采精，检查精液品质。开始采精时，1周采精1次，以后1周2次，以后2天1次。在配种季节，公羊每天可采精2～3次，成年公羊每日采精最多可达3～4次，每周采精可达25次之多，但每周应注意休息1～2天。多次采精者，两次采精间隔时间不少于2小时。对精液密度较低和活力不达要求的公羊，要增加动物性蛋白质和胡萝卜的喂量，并增加运动量。当放牧运动量不足时，每天早上可酌情定时、定距离和定速度增加运动量。种公羊的管理人员要身体健康、工作负责、具有丰富的放牧饲养管理经验。同时要保持种公羊管理人员的相对稳定，不要随意更换种公羊饲养管理日程，因地而异。

以甘肃农业大学天祝种羊场的种公羊配种期的饲养管理日程为例：7:00～8:00，运动，距离2 000米；8:00～9:00，喂料（精料和多汁饲料占日粮1/2，鸡蛋1～2枚）；9:00～11:00，采精；11:00～15:00，放牧和饮水；15:00～16:00，圈内休息；16:00～18:00，采精；18:00～19:00，喂料（精料和多汁饲料占日粮1/2，鸡蛋1～2枚）。

2.繁殖母羊的饲养管理

对于繁殖母羊，要求常年保持良好的饲养管理条件，以完成配种、妊娠、哺乳和提高生产性能等任务。繁殖母羊的饲养管理，可分为空怀期、妊娠期和泌乳期三个阶段。

（1）空怀期的饲养管理。主要任务是恢复体况，争取做到满膘配种。一般原则是经过2～3个月的空怀期，可增重10～15千克，为配种做好准备。对瘦弱的母羊，要单独组群，给予短期补饲，即增加精料量，使其迅速恢复体况。尽可能给母羊提供足量的青绿饲料，使母羊获得丰富的蛋白质、维生素和矿物质，促进卵巢功能活动，发情整齐，排卵数多，有利于产双羔或多羔。

（2）妊娠期的饲养管理。母羊妊娠期一般分为前期（3个月）和后期（2个月）。①妊娠前期。胎儿发育较慢，所增重量仅占羔羊初生重的10%。妊娠前期所需要的营养与空怀期基本相同。母羊怀孕后的头1个月左右，很容易受外界条件的影响，喂给母羊变质、发霉的饲草，容易引起胚胎早期死亡。②妊娠后期。胎儿生长发育快，所增重量占羔羊初生重的90%，营养物质的需要量明显增加。因此，加强对妊娠后期母羊的饲养管理，保证其营养物质的需要，对胎儿毛囊的形成、羔羊生后的发育和整个生产性能的提高都有利。因此，在这个时期，精料的补量应增加到怀孕前期的2倍。妊娠后期饲料要求新鲜、多样化，幼嫩的牧草、胡萝卜素等青绿多汁饲料可以多喂，但禁止喂给马铃薯、酒糟和未经去毒处理的棉籽饼或菜籽饼，并禁喂霉烂变质、过冷或过热、酸性过重的饲料，以免引起母羊流产、难产和发生产后疾病。

牢记"精心喂养促胎壮，细心护理防流产"的管理原则。在管理上，做到抓羊时动作要轻。禁喂发霉变质和冰冻饲料，减少青贮饲料的喂量。饮水时应注意饮用清洁水，早晨空腹不饮冷水，忌饮冰冻水，以防流产。

母羊产前一个月左右，应适当控制粗饲料的喂量，尽可能喂些质地柔软的饲料，如青绿多汁饲料，精料中多喂些麸皮，以通肠利便。母羊分娩前10天左右，应根据母羊的消化、食欲状况，减少精料的喂量。产前2～3天，母羊体质好，乳房膨胀并伴有腹下水肿，应从原日粮中减少1/3～1/2的饲料喂量，以防母羊分娩初期乳量过多或乳汁过浓而引起母羊乳房炎、回乳和羔羊消化不良下痢。

对于体质比较瘦弱的母羊，如若产前一周左右乳房干瘪，除减少母羊的粗饲料外，还应适当增加豆饼、胡麻饼等富含蛋白质的催乳饲料，以及青绿多汁的轻泻性饲料，以防母羊产后缺奶。此外，怀孕母羊的饲料和饮水应经常保持清洁卫生。

（3）哺乳期的饲养管理。母羊哺乳期可分为哺乳前期（1.5～2个月）和哺乳后期（1.5～2.0个月）。母羊的补饲重点应在哺乳前期。

哺乳前期：母乳是羔羊主要的营养物质来源，尤其是出生后1～20天内，几乎是唯一的营养物质。应保证母羊全价饲养，最好饲喂多汁的饲料以提高产乳量；否则，母羊泌乳力下降，影响羔羊发育。哺乳前期母羊对蛋白质和矿物质的需要量比妊娠期还要大，需要补充蛋白质、钙、磷，多喂青绿饲料、多汁饲料和富含蛋白质、维生素和矿物质的饲料，并注意增加母羊运动量。加强母羊产后的护理，必须做到：

①及时喂盐水麸皮汤。母羊分娩后体质虚弱，且体内水分、盐分和糖分损失较大，为缓解母羊分娩后的虚弱，并补充水分、盐分和糖分，有利于母羊泌乳，应及时喂盐水麸皮汤，可用麸皮200～500克，食盐10～20克、红糖100～200克，加适当的温水调匀，给羊饮用。②饲喂容易消化的草料。母羊分娩后应饲喂容易消化的草料，如优质的青干草和多汁饲料，但要适量，以免引起母羊发生消化道疾病，一般经过5～7天的过渡即可正常饲养。

哺乳后期：母羊泌乳力下降，加之羔羊已逐渐具有了采食植物性饲料的能力。此时羔羊依靠母乳已不能满足其营养需要，需加强对羔羊的补料。实施羔羊早期断奶，使母羊恢复体况。

3.育成羊的饲养管理

育成羊是指羔羊断乳后到第一次配种的幼龄羊，多在5～18月龄。羔羊断奶后5～10个月生长很快，一般毛肉兼用和肉毛兼用品种的公、母羊增重可达15～30千克，营养物质需要较多。若此时营养供应不足，不仅影响当年的育成率，成熟期也会推迟，不能按时配种，还将影响羊只生长发育，出现四肢高、体狭窄而浅、体重小、剪毛量低等问题，降低其个体品质及生产性能，严重时失去种用价值。育成羊的饲养管理，应按性别单独组群。夏季主要是抓好放牧，安排较好的草场，放牧时控制羊群，放牧距离不能太远。羔羊断奶时，不要同时断料，在断奶组群放牧后，仍需继续补喂一段时间的饲料。在冬、春季节，除放牧采食外，应适当补饲干草、青贮饲料、块根块茎饲料、食盐和饮水。补饲量应根据品种和各地的具体条件而定。

4.羔羊的饲养管理

羔羊是指从出生到断奶（一般4个月）的羊羔。饲养管理重点是如何提高成活率，并根据生产需要培育体型良好的羔羊。初生羔羊体质较弱，适应能力差，抵抗力低，容易发病，因此要加强护理，保证成活及健壮。

（1）吃好初乳。初乳含丰富的营养物质，容易消化吸收，还含有较多的抗体，能抑制消化道内病菌繁殖。如吃不足初乳，羔羊抗病力降低，胎粪排除困难，易发病，甚至死亡。羔羊出生后，一般十几分钟即能站起，寻找母羊乳头。第一次哺乳应在接产人员护理下进行，使羔羊尽早吃到初乳。如果一胎多羔，不能让第一个羔羊把初乳吃净，要使每个羔羊都能吃到初乳。

羔羊出生2～4小时要尽快吃上初乳，因为初乳内含有母源抗体，而且含有丰富的多种营养物质。羔羊及时吃上初乳，一是可以促进胎粪排出；二是可以供给羔羊抗体，增强机体的免疫力，减少发病率。对于母羊产后无奶或母羊产后死亡，吃不到自己母亲初乳的羔羊，也要让它吃到别的母羊的初乳，否则很难成活。

（2）羔舍保温。羔羊出生后体温调节机能不完善，如果羔舍温度过低，会使羔羊体内能量消耗过多，体温下降，影响羔羊健康和正常发育。因此，冬春做好栏舍防寒保温工作很重要。羊舍要保持清洁干燥，定期消毒灭菌；遇阴天、雨雪天，对羊舍和运动场要勤换垫草，勤撒干土、生石灰或草木灰，以吸湿防潮。冬、春季要及时维修羊舍，门窗可用草帘或塑料薄膜遮掩，堵塞隙缝，做到羊舍不漏水、不潮湿，四壁不进贼风。如给羔羊舍生火取暖，要预留排气孔，谨防烟尘危害羔羊健康。当羊外出放牧后，要及时将羊舍门窗打开通风换气，清除舍内垫草、粪便和饲料残渣，并将垫草晒干以备再次使用。雨天要检查栏舍是否漏水，要及时补修，晴天要放羔羊出栏晒晒太阳，日落天凉及时赶回栏。一般冬季羔舍温度要保持在5℃以上。冬季注意产后7天内不要把羔羊和母羊牵到舍外有风的地方。7天后母羊可到舍外放牧或食草，但不要走得太远，千万不要让羔羊随母羊去舍外。

（3）代乳或人工哺乳。一胎多羔或产羔母羊死亡或母羊因乳房疾病而无奶等原因引起羔羊缺奶时，应及时采取代乳和人工哺乳的方法解决。在饲养高产羊品种如小尾寒羊时，经产成年母羊一胎产3～5只不足为奇。所以在发展小尾寒羊等高产羊的同时，应饲养一些奶山羊，作为代乳母羊。当产羔多时，要人工护理使初生羔羊普遍吃到初乳7天以上，然后为产羔母羊留下2只羔羊，把多余的羔羊移到代乳母羊的圈内。用人工辅助羔羊哺乳，并在羔羊吃完奶后，挤出一些山羊奶，抹到羔羊身上，经7～10天，母山羊就不再拒绝为羔羊哺乳时，再过一段时间即可放回大群。

若母羊因难产死亡，可将产羔后死掉羔羊或同期生产的单产母羊做保姆羊。因羊的嗅觉很灵敏，开始保姆羊不让代乳羔羊吃奶，要人工辅助哺乳，然后采用强制法或洗涤法让保姆羊误认为是自己生的羔羊而主动哺乳。强制法即是在羔羊的头顶、耳根、尾部涂上保姆羊的胎液、奶汁，再将保姆羊与羔羊圈在单栏中单独饲喂3～7天，直到认羔为止。此法适用于5～10日龄的羔羊。洗涤法是将准备代乳的羔羊放在40℃左右的温水中，用肥皂擦洗掉其周身原有的气味，擦干后涂以保姆羊的胎液，待稍干后交给保姆羊即可顺利代乳。此法适用于将多胎羔羊寄养给同期产羔的单产母羊，因而应当在产前准确估计出临产母羊可能生产的羔羊数，及时收集单羔多奶母羊的胎液，并装入塑料袋备用。

人工哺乳的奶源包括牛奶、羊奶、代乳品和全脂奶粉。应定时、定量、定温、定次数。一般7日龄内每天5～9次，8～12日龄每天4～7次，以后每天3次。人工哺乳在羔羊少时用奶瓶，多时用哺乳器（一次可供8只羔羊同时吸乳）。使用牛奶、羊奶应先煮沸消毒。10日龄以内的羔羊不宜补喂牛奶。若使用代乳品或全脂奶粉，宜先用少量羔羊初试，证实无腹泻、消化不良等异常表现后再大面积使用。

（4）训练采食，加强补饲，及时断奶。羔羊出生10天后，开始训练吃草料，以促进其瘤胃发育和心、肺功能。同时可补充铜、铁等矿物质，避免发生贫血。在圈内安装羔羊补饲栏（仅能让羔羊进去）让羔羊自由采食，少给勤添；待全部羔羊都会吃料后，再改为定时、定量补料。干草也要切碎放在饲槽内，一般先喂精料，后喂粗料，按时按量，吃饱后，将草料收走。每只日补喂精料50～100克。羔羊生后20天内，晚上母仔在一起饲养，白天羔羊留在羊舍内，母羊在羊舍附近草场上放牧，中午回羊舍喂一次奶。羔羊20日龄后，可随母羊一道放牧。羔羊1月龄后，逐渐转变为以采食为主，除哺乳、放牧采食外，可补给一定量的草料。羔羊舍内要设足够的水槽和盐槽，可在精料中混入0.5%～1.0%的食盐和2.5%～3.0%的矿物质饲喂，同时保证充足的饮水。当羔羊初生2个月后，母羊泌乳量逐渐下降。这时的羔羊瘤胃发育完善，能大量采食草料，因而饲养重点可转入羔羊补饲，每日补喂混合精料200～250克，自由采食青干草，或把羔羊赶到预留的牧地上放牧。要求饲料中粗蛋白质含量为13%～15%，以玉米、豆饼为主，麸皮不超过15%。不可给公羔饲喂大量麸皮，以防引发尿道结石。

羔羊在20～30日龄时，采用阉割或结扎的方法对不作种用的公羔进行去势。羔羊3月龄时，体重达15千克，能每日消化粗饲料1千克时，即可断奶。断奶时需经7～10天适应期，每天饲喂优质青干草1.5千克或青草3～4千克，精料0.2千克，使之顺利过渡到青年羊阶段，为羊体成熟和育肥出栏起到保障作用。

断奶给羔羊带来强烈的应激反应,断奶时间过早,羔羊身体受外界刺激导致抗病力降低,发病率提高;断奶时间过迟,母羊的身体恢复慢,降低母羊的繁殖频率,养殖成本增加。所以羔羊的断奶时间是根据母羊的产奶量和羔羊的生理发育情况来决定的。一般羔羊的断奶时间在40～50日龄,饲养水平较高的养殖场可以提前,一般在30～40日龄给羔羊断奶为宜。

一次性断奶法适用于大规模的养殖场,这类养殖场通常是同期发情,同期繁育,在羔羊30～40日龄的时候,将母羊和羔羊分开,不再合群。渐进式断奶法适用于农村一般规模的养殖户,他们饲养的羊群达到一定的数量,母羊的繁殖时间相对分散时采用这种断奶方法。羔羊在40～50日龄的时候,母羊和羔羊白天分开,晚上合群,随着羔羊的成长,逐渐延长母羊和羔羊分开的时间,例如隔天相见或者三天一见,最后完全分开,实现羔羊彻底断奶。不管是哪种断奶方法,前提是羔羊能自主采食草料、能适应饲养环境为宜。为了减少断奶时羔羊应激综合征的发生,应该尽早给羔羊添加一些食物,为将来顺利断奶做好准备。如让羔羊早开食,促进羔羊消化器官的发育,在羔羊出生10天后,可用胡萝卜丝、炒香料等方法训练羔羊开食,30日龄以内的羔羊每天可加添少量精饲料,30～50日龄的羔羊可加大饲料量,并坚持少食多餐的原则,每天保证羔羊足够的饮水量。

(5)适量运动及放牧。羔羊的习性爱动,运动能促进羔羊的身体健康。生后1周,天气暖和、晴朗,可在室外自由活动，晒晒太阳，也可以放入塑料大棚暖圈内运动。生后1个月可以随群放牧，但要慢赶慢行。羔羊在放牧中喜欢乱跑和躺卧，为了训练羔羊听口令，便于以后放牧，口令要固定、厉声，使它形成良好的条件反射。

（6）优化生活环境。由于羔羊对疾病的抵抗力弱，容易生病。忽冷忽热、潮湿寒冷、潮湿肮脏、空气污浊等不良生活环境都可以引起羔羊的各种疾病。因而要经常垫铺褥草或干土。舍内温度保持在5℃左右为宜，圈舍温度过高过低，通风不良或有贼风袭击，均会引起羔羊病的大量发生。同时羔羊运动场和补饲场也要每天清扫，防止羔羊啃食粪土和散乱羊毛而发病。

（7）疫病防治。羔羊出生后1周，容易患痢疾，应采取综合措施防治。在羔羊出生后12小时内，可喂服土霉素，每只每次0.15～0.2克，每天1次，连喂3天。对羔羊要经常仔细观察，做到有病及时治疗。一旦发现羔羊有病，要立刻隔离，认真护理，及时治疗。羊舍粪便、垫草要焚烧。被污染的环境及土壤、用具等要用3%～5%来苏儿喷雾消毒。

5.育肥羊的饲养管理

以放牧方式进行育肥的绵、山羊，要抓紧夏秋季节牧草茂密、营养价值高的时机，延长有效放牧时间。在北方，要尽可能利用夏季高山草场，早出晚归；在南方，应进行早牧和夜牧；在秋季，还可将羊群赶入茬地放牧抓膘。由放牧转入舍饲的育肥羊，要经过一定的过渡期，一般为3～5天，在此期间只喂草和饮水，然后逐步加入精饲料，由少到多，5～7天后，按育肥计划规定的饲养标准进行饲喂。

在饲喂过程中，不要经常变换饲料种类和饲粮类型。一种饲料代替另一种饲料时，要有6～8天的过渡期，逐渐替换。用粗饲料替换精饲料时，过渡期要延长，一般为10天左右。各种青干草和粗饲草要铡短（2～3厘米），块根块茎饲料要切片，饲喂时要少喂勤添。用青贮、氨化和秸秆饲料喂羊时，喂量要由少到多，逐步代替。每只成年羊每天喂量一般不超过以下限量：青贮饲料2.0～3.0千克，氨化秸秆1.0～1.5千克。饲喂精料以每天两次为宜。不准饲喂育肥羊腐败、发霉、变质、冰冻及有毒有害的饲草饲料。要确保育肥羊每天都能喝足清洁的饮水；在冬季，不宜饮用雪水或冰冻水。

育肥羊的圈舍应清洁干燥，空气良好，挡风遮雨，同时要定期清扫和消毒，要保持圈舍的安静，不要随意惊扰羊群。供饲喂用的草架和饲槽，其长度应与只羊所占位置的长度和羊数相称，以免饲喂时羊只拥挤和争食。

对羊群要勤于观察，定期检查，一旦发现羊只异常，应及时请兽医治疗。及时注射疫苗，预防肠毒血症发生，并加强尿结石的预防：在以谷类饲料为主的日粮中，可将钙的含量提高到0.5%的水平，或加入0.25%的氯化铵，避免日粮中钙、磷比例失调，防尿结石发生。在潮湿的圈舍和环境中，要勤换垫草，预防寄生虫病和腐蹄病的发生。

（三）羊的放牧技术

羊合群性好，自由采食能力，游走能力好，是以放牧为主的草食家畜。羊放牧饲养的优点：一是能充分利用天然的植物资源，降低生产成本。二是能增加运动量，保持羊体健康。三是合理放牧能促进草场植被的生长和更新，提高草场生产能力，维护生态平衡。因此，在我国的广大牧区和农牧交错地区，放牧饲养一直是这些地区养羊主要的主要方式。放牧饲养要遵循以草定畜的原则，在羊草相对平衡的前提下，合理地保护和利用草场资源，科学地使用放牧的方法和技术，有计划地组织放牧，就可获得良好的效果。

1.放牧羊群的分群及规模

合理组织羊群是科学放牧饲养绵羊、山羊的重要环节。在实际生产中，要合理地选留和淘汰羊只，这对科学利用和保护草场，经济利用劳动力和设备，有效提高羊群生产力等方面有重要意义。羊群的规模应根据羊只的具体数量、羊别（绵羊与山羊）、品种、性别、年龄、体质强弱和放牧场的地形地貌而定。羊数量较多时，同一品种可分为种公羊群、试情公羊群、成年母羊群、育成公羊群、育成母羊群、羯羊群和核心母羊群等；在数量较多的成年母羊群和育成母羊群中，还可按级组成等级羊群。羊数量较少时，应将种公羊单独组群，母羊可分成繁殖母羊群和淘汰母羊群。为确保种公羊群、育种核心群、繁殖母羊群能安全越冬度春，每年秋末冬初时，应根据冬季放牧场的载畜能力、饲草饲料贮备情况和羊的营养需要，对老龄和瘦弱以及品质较差的羊只进行淘汰，并进行整群，以缩小饲养规模，减轻草场压力。

我国放牧羊群的规模因牧场的不同而不同。牧区的繁殖母羊群以250～500只为宜，半农半牧区以100～150只为宜，山区以50～100只为宜，农区以30～50只为宜；育成公羊和母羊可适当增加，核心群母羊可适当减少；成年种公羊以20～30只、后备种公羊以40～60只为宜。

2.羊的放牧方式

放牧方式是指对牧场的利用方式。目前，我国的放牧方式可分为固定放牧、围栏放牧、季节轮牧和小区轮牧四种方式。

（1）固定放牧。固定放牧是羊群一年四季在一个特定区域内自由放牧采食。这是一种原始的放牧方式，对草场利用与保护不利，载畜量低，单位草场面积提供的畜产品数量少，这是一种被逐步淘汰的放牧方式。

（2）围栏放牧。围栏放牧是根据地形把放牧场围起来，在一个围栏内，根据牧草生长情况和羊的营养需要，科学安排一定数量的羊只进行放牧。此方式能固定草场使用权，对合理利用和保护草场有重要作用。据报道，实施围栏放牧可提高围栏内产草量17%～65%，草的质量也有明显的改善。

（3）季节轮牧。季节轮牧是根据四季牧场的划分，按季节轮流放牧。这是我国牧区目前普遍采用的放牧方式，能较合理利用草场资源，提高放牧效果。为了防止草场退化，可安排休闲牧地，定期放牧，促进牧草恢复。

（4）划区轮牧。划区轮牧是指在划定季节牧场的基础上，根据牧草的生长规律、草地的生产能力、羊群的营养需要和寄生虫的侵袭动态等情况，将牧地划分为若干个小区，羊群按一定的顺序在小区内进行轮回放牧。这是一种先进的放牧方式，不仅能合理利用和保护草场，提高草场载畜量，而且能减少羊只因游走而消耗的能量，加快增重。与传统放牧方式相比，春、夏、秋、冬季的平均日增重可分别提高13.42%、16.45%、52.53%和100.00%。

在新西兰，一般都实行划区轮牧。轮牧周期在不同地区长短不一，在温暖地区和温暖季节采取短期轮牧；在寒冷地区或寒冷季节，则采取长期轮牧。在确定轮牧周期的天数之前，要测定草场牧草的产草量，然后根据草场生产力计算并确定应放牧羊只的数量和一个轮牧周期的天数。短周期轮牧时，春季一般为10～15天，夏季为20～30天，冬季为35～40天。长周期轮牧时，春、夏、秋、冬季节分别为21～30天、35～40天、60～70天和80天以上。新西兰多年的研究表明，牧草的高度长到5～8厘米时最有利于绵羊的放牧采食，当牧草高度高于10厘米，可把牛放进围栏分区中，让牛将10厘米以上高度的牧草吃掉，然后再放入羊群，这种牛、羊混合放牧的制度对调节牧草高度和生长状况、提高草地生产能力有重要意义。此外，在围栏分区中，要分点设置自动饮水池或挖池蓄水，供羊随时饮用。

3.羊的四季放牧技术

（1）放牧羊群的队形。为了控制羊群游走、休息和采食时间，使其多采食、少走路而有利于抓膘，在放牧实践中，应通过一定的队形来控制羊群。羊群的放牧队形名称甚多，但基本队形主要有"一条鞭"和"满天星"两种。放牧队形应根据地形、草场品质、季节和天气灵活应用。①一条鞭。指羊群放牧时排列成"一"字形的横队。羊群横队里一般有1～3层。牧工在羊群前面控制羊群前进的速度，并随时命令离队的羊只归队，如有助手可在羊群后面防止少数羊只掉队。出牧初期是羊采食高峰期，应控制住头羊，放慢前进速度；放牧一段时间后，前进的速度可适当加快；待到大部分羊只吃饱后，羊群出现站立不采食或躺卧休息时，牧工在羊群左右走动，让羊群停止前进，开始休息；待羊群反刍结束后，再继续放牧。此种放牧队形适用于牧地比较平坦、植被比较均匀的牧场。春季采用这种队形可防止羊群"跑青"。②满天星。指牧工将羊群控制在牧地的一定范围内让羊只自由散开采食，当羊群采食一定时间后，再移动更换牧地。散开面积的大小主要决定于牧草的密度。牧草密度大、产量高的牧地，羊群散开面积应相对较小，反之则大。此种队形，适用于任何地形和草原类型的放牧地。

（2）四季放牧技术要点。放牧是一项复杂而细致的工作，应根据自然条件、季节、气候、品种和年龄等不同情况，因地制宜地灵活掌握。既要熟知羊群习性，也要了解牧地牧草，要全年立足一个"膘"字，着眼一个"草"字，防范一个"病"字，狠抓一个"放"字。做到"三勤三稳"，所谓"三勤"即腿勤、手勤、嘴勤，实质是牧工要不离羊群，关心羊只，精心管理；"稳"是指放牧要稳，出入圈要稳，饮水要稳。三稳中以放牧要稳为主，放得不稳，则四处乱挑草吃，因而羊只很难上膘。

①春季放牧。春季气候逐渐转暖，草场逐渐转青，是羊群由补饲逐渐转入全放牧的过渡时期。初春时，羊只经过漫长的冬季，膘情差，体质弱，产冬羔母羊仍处于哺乳期。此时牧草青黄不接，气候不稳定，易出现"春乏"现象，给放牧造成一定的困难。春季牧草刚刚萌发，羊看到一片青，却难以采食青草，常疲于奔青找草，不但吃不饱，甚至会跑乏，使部分瘦弱羊只更加衰竭。再则，过早啃食幼嫩牧草，将降低牧草的再生能力，破坏植被，降低产草量。"春吃草芽拦头打"，因此牧工切忌让羊"跑青"，控制好羊群，挡住强羊，看好弱羊。在山区，应先选滩

地、阴坡或枯草高的牧地放牧，使羊看不见青草，但在草根部分又有青草，羊只可以青、干草一起采食，此期一般为2周时间。待牧草长高后，可逐渐把羊群赶到阳坡进行放青。到晚春，青草鲜嫩，草已长高，可转入抢青，并勤换牧地（2～3天），以促进羊群复壮。放牧时应照顾好瘦弱羊只，可单独组群，适当补给精料，对带仔母羊及待产母羊，留在羊舍附近较好的草场放牧，若遇天气骤变，以便迅速赶回羊舍。春季气候变化较大，如遇大风沙天，可采取背风方式放牧；暴风天应及时归牧，以免造成损失。春季低洼阴湿地带，毒草分布较多，返青早，生长快，毒性强。为此应推迟放牧时间，或待羊在其他牧地吃得半饱时，再到有毒草地带去放，以防羊只因饥饿而误食毒草中毒。

②夏季放牧。羊群经春季牧场放牧后，其体力逐渐得到恢复。此时牧草丰茂，正值开花期，营养价值较高，是抓肉膘的好时期。但夏季气温高、多雨、湿度较大，蚊蝇较多，对羊群抓膘不利。因此，在放牧技术上要求早出晚归，中午天热时要休息，延长有效放牧时间。夏季草好，可于早饭前放一饱，到中午天热前再放一饱，下午凉爽至天黑第三饱。每次开始放牧时，羊群先在熟坡，再进生坡。放牧手法先紧后松，这样一日三饱，就是三紧三松，三熟三生，俗称"一日三个饱，四季瘦不了"。炎热时，散开群采用"满天星"放牧法，为避开蚊蝇要"顶风背太阳，阴雨顺风放"。夏季绵、山羊需水量增多，每天应保证

充足的饮水，同时，应注意补充食盐和其他矿物质。夏季蚊蝇多，常常会在羊的皮肤伤口及母羊的头、后腿、阴户及公羊的阴茎、肛门、角基等处产蛆生卵，牧工应经常检查，及时处理。遇到雷阵雨时，应尽量避开河漕及山沟，避免山洪给羊群造成损失。雨淋后的羊群，归牧后应先在圈外风干，再行入圈，以免羊体受寒和影响被毛。

③秋季放牧。秋季牧草结籽，营养丰富，秋高气爽，气候适宜，是羊群抓膘的又一个好季节，也是决定来年产羔好坏的重要季节。秋季抓膘的关键是多变更牧地，使羊能够吃到多种杂草和草籽，并尽量延长放牧时间，中午可以不休息，做到羊群多采食、少走路。这时应有条件地先放山坡草，待吃半饱后再放秋茬地，对刈割草场或农作物收获后的茬子地进行跑茬放牧。跑茬在农区对抓膘尤为重要，羊不仅可以吃到散落在地上的籽粒谷粮，还能吃到多样鲜嫩幼草和地埂上的杂草。在禾本科作物茬地放牧手法可松一些，放豆茬地前不宜空腹，牧后方可饮水。秋季也是绵、山羊母羊的配种季节，要做到抓膘、配种两不误。秋季无霜时应早出晚归，晚秋霜降后应迟出早归，避免羊只吃霜草而引起流产，同时要防止羊群吃霜后蓖麻叶、荞麦芽、高粱芽等引起中毒。

④冬季放牧。冬季放牧主要在于保膘保胎，力争不掉膘和胎儿发育良好。因此，冬季放牧不但可以锻炼羊的体质和抗寒能力，节省饲草料费用，而且对妊娠母羊的安全分娩和顺利越冬也是重要作用的。冬季

气候寒冷，牧草枯黄，放牧时间长，放牧地有限，草畜矛盾突出。应延长在秋季草场放牧的时间，推迟羊群进入冬季草场的时间。冬季放牧前，应先摸清草生长情况，规划放牧地段，确定放牧顺序和时间，要遵循先远后近、先阴坡后阳坡、先高处后低处、先沟壑地后平地的基本原则。严冬时，要顶风出牧、边走边吃，避免使风直接吹开毛被受冷，但出牧时间不宜太早；顺风收牧则羊只行走较快，避免乏力走失，且时间不宜太晚。冬季放牧应注意天气预报，以避免风雪袭击。对妊娠母羊放牧的前进速度宜慢，不跳沟、不惊吓，出入圈舍不拥挤，以便羊群保胎。在羊舍附近适当划出草场，以备气候变化时和乏弱羊只的利用。

六、疾病防控

（一）疾病预防

羊病防治必须坚持"预防为主"的方针，采取加强饲养管理、搞好环境卫生、开展防疫检疫、定期驱虫、预防中毒等综合性防治措施，将饲养管理工作和防疫工作紧密地结合起来，以取得防病灭病的综合效果。

1.加强饲养管理，增进羊体健康

加强饲养管理，科学喂养，精心管理，增强羊只抗病能力是预防羊病发生的重要措施。饲料种类力求多样化并合理搭配与调制，使其营养丰富全面，改善羊群饲养管理条件，提高饲养水平，使羊体质良好，能有效地提高羊只对疾病的抵抗能力，特别是对正在发育的幼龄羊、怀孕期和哺乳期的成年母羊加强饲养管理尤其重要。各类型羊要按饲养标准合理配制日粮，使之能满足羊只对各种营养元素的需求。

2.搞好环境卫生

养羊环境卫生的好坏，与疫病的发生有密切关系。环境污秽，有利于病原体的滋生和疫病的传播。因此，羊舍、羊圈、场地及用具应保持清洁、干燥，每天清除圈舍、场地的粪便及污物，将粪便及污物堆积发酵，30天左右可作为肥料使用。

羊的饲草应当保持清洁、干燥，不能用发霉的饲草、腐烂的粮食喂羊；饮水也要清洁，不能让羊饮用污水和冰冻水。另外还要注意防寒保暖及防暑降温工作。

老鼠、蚊、蝇等是病原体的宿主和携带者，能传播多种传染病和寄生虫病。应当清除羊舍周围的杂物、垃圾及乱草堆等，填平死水坑，认真开展杀虫灭鼠工作。

3.严格执行检疫制度

检疫是应用各种诊断方法（临床的、实验室的），对羊及其产品进行疫病（主要是传染病和寄生虫病）检查，并采取相应的措施，以防止疫病的发生和传播。为了做好检疫工作，必须有一定的检疫手续，以便在羊流通的各个环节中，做到层层检疫，环环扣紧，互相制约，从而杜绝疫病的传播蔓延。羊从生产到出售，要经过出入场检疫、收购检疫、运输检疫和屠宰检疫，涉及外贸时，还要进行进出口检疫。出入场检疫是所有检疫中最基本、最重要的检疫，只有经过检疫而未发现疫病时，方可让羊及其产品进场或出场。羊场或养羊专业户引进羊时，只能从非疫区购入，经当地兽医检疫部门检疫，并签发检疫合格证明书；运抵目的地后，再经本场或专业户所在地兽医验证、检疫并隔离观察1个月以上，确认为健康者进行驱虫、消毒，没有注射过疫苗的还要补注疫苗，方可混群饲养。

4.有计划地进行免疫接种

根据当地传染病发生的情况和规律，有针对性地、有组织地搞好疫苗注射防疫，是预防和控制羊传染病的重要措施之一。

5.做好消毒工作

定期对羊舍、用具和运动场等进行预防消毒，是消灭外界环境中的病原体、切断传播途径、防治疫病的必要措施。注意将粪便及时清扫、堆积、密封发酵，杀灭粪便中的病原菌和寄生虫或虫卵。

（1）消毒药的用量。以羊舍内每平方米面积用1升药液计算。常用的消毒药有10% ～ 20%的石灰乳和10%的漂白粉溶液。消毒方法是将消毒液盛于喷雾器内，先喷洒地面，然后喷墙壁，再喷天花板，最后再开门窗通风，用清水刷洗饲槽、用具，将消毒药味除去。在一般情况下，每年可进行两次（春、秋各一次）。产房的消毒，在产羔前应进行一次，产羔高峰时进行多次，产羔结束后再进行一次。在病羊舍、隔离舍的出入口处应放置浸有消毒液的麻袋片或草垫；消毒液可用2%～4%氢氧化钠（对病毒性疾病）或10%克辽林溶液。

（2）地面土壤消毒。土壤表面消毒可用含2.5%有效氯的漂白粉溶液、4%甲醛溶液或10%氢氧化钠溶液。停放过芽孢杆菌所致传染病（如炭疽）病羊尸体的场所，应严格加以消毒。首先用上述漂白粉溶液喷洒地面；然后将表层土壤掘起30厘米左右，撒上干漂白粉，并与土混合，将此表土妥善运出掩埋。其他传染病所污染的地面土壤，则可先将地面翻一下，深度约30厘米，在翻地的同时撒上干漂白粉（用量为每平方米0.5千克）；然后以水洇湿，压平。如果放牧地区被某种病原体污染，一般利用自然因素（如阳光）来消除病原微生物；如果污染的面积不大，则应使用化学消毒药消毒。

（3）粪便消毒。羊的粪便消毒方法有多种，最实用的方法是生物热消毒法，即在距羊场200米以外的地方设一堆粪场，将羊粪堆积起来，上面覆盖10厘米厚的沙土，堆放发酵30天左右，即可用作肥料。

（4）污水消毒。最常用的方法是将污水引入污水处理池，加入化学药品（如漂白粉或生石灰）进行消毒。消毒药的用量视污水量而定，一般1升污水用2～5克漂白粉。

（5）皮毛消毒。患炭疽、口蹄疫、布鲁氏菌病、羊痘、坏死杆菌病等的羊的皮、毛均应消毒。应当注意，发生炭疽时，严禁从尸体上剥皮。皮、毛消毒，目前广泛利用环氧乙烷气体消毒法。消毒时必须在密闭的专用消毒室或密闭良好的容器（常用聚乙烯或聚氯乙烯薄膜制成的篷布）内进行。此法对细菌、病毒、真菌均有良好的消毒效果，对皮、毛等产品中的炭疽芽孢也有较好的消毒作用。

6.组织定期驱虫

羊寄生虫病发生较普遍。患羊轻者生长迟缓、消瘦，生产性能严重下降，重者可危及生命，所以养羊生产中必须重视驱虫、药浴工作。驱虫可在每年的春、秋两季各进行一次，药浴则于每年剪毛后10天左右彻底进行一次，这样即可较好地控制体内外寄生虫病的发生。

预防性驱虫所用的药物有多种，应视病的流行情况选择应用。阿苯达唑（丙硫苯咪唑）具有高效、低毒、广谱的优点，对羊常见的胃肠道线虫、肺线虫、肝片吸虫和绦虫均有效，可同时驱除混合感染的多种寄生虫，是较理想的驱虫药物。目前使用较普遍的阿维菌素、伊维菌素对体内和体外寄生虫均可驱除。使用驱虫药时，要求剂量准确。驱虫过程中发现病羊，应进行对症治疗，及时解救出现毒、副作用的羊。

7.预防毒物中毒

某种物质进入机体，在组织与器官内发生化学或物理化学的作用，引起机体功能性或器质性的病理变化，甚至造成死亡，此种物质称为毒物；由毒物引起的疾病称为中毒。

在羊的饲养过程中，不喂含毒植物的叶、茎、果实、种子；不在生长有毒植物的区域内放牧，或实行轮作，铲除毒草。不饲喂霉变饲料，饲料喂前要仔细检查，如果发霉变质，应废弃不用；注意饲料的调制、搭配和贮藏。有些饲料本身含有有毒物质，饲喂时必须加以调制。如棉籽饼经高温处理后可减毒，减毒后再按一定比例同其他饲料混合搭配饲喂，就不会发生中毒。有些饲料如马铃薯若贮藏不当，其中的有毒物质会大量增加，对羊有害，因此应贮存在避光的地方，防止变青发芽；饲喂时也要同其他饲料按一定比例搭配。

另外，对有毒药品如灭鼠药、农药及化肥等的保管及使用也必须严格，以免羊接触发生中毒事故。喷洒过农药和施有化肥的农田的排水，不应作为饮用水；工厂附近排出的水或池塘内的死水，也不宜让羊饮用。

8.发生传染病时及时采取措施

羊群发生传染病时，应立即采取一系列紧急措施，就地扑灭，以防止疫情扩大。兽医人员要立即向上级部门报告疫情，同时要立即将病羊和健康羊隔离，不让它们有任何接触，以防健康羊受到传染；对于发病前与病羊有过接触的羊（虽然在外表上看不出有病，但有被传染的嫌疑，一般叫作"可疑感染羊"），不能再同其他健康羊在一起饲养，必须单独圈养，经过20天以上的观察不发病，才能与健康羊合群；如有出现病状的羊，则按病羊处理。对已隔离的病羊，要及时进行药物治疗；隔离场所禁止人、畜出入和接近，工作人员出入应遵守消毒制度；隔离区内的用具、饲料、粪便等，未经彻底消毒不得运出；没有治疗价值的病羊，由兽医根据国家规定进行严格处理；病羊尸体要严格处理，视具体情况，或焚烧，或深埋，不得随意抛弃。对健康羊和可疑感染羊，要进行疫苗紧急接种或用药物进行预防性治疗。如发生口蹄疫、羊痘等急性烈性传染病，应立即报告有关部门，划定疫区，采取严格的隔离封锁措施，并组织力量尽快扑灭。

（二）疾病检查与防治

1.传染病

传染病是病原微生物直接或间接传染给健康羊，经历一定潜伏期而表现出临床症状的一类疾病。病程短、症状剧烈的叫作急性传染病，如羊快疫、肠毒血症、炭疽等；病程长、症状表现稍缓慢的叫作慢性传染病，如结核病、布鲁氏菌病等。传染病较其他疾病来势猛，发病数量大，面积广，死亡率高。

（1）炭疽。炭疽是一种人、畜共患的急性、败血性传染病，常呈散发性或地方性流行。①病原及传染。炭疽的病原体是炭疽杆菌，炭疽病羊是此病的主要传染源。该病主要经消化道感染，也有经呼吸道、皮肤创伤和吸血昆虫叮咬、螫刺等感染的，潜伏期1～5天。气候温暖、雨量较多时此病易发生。②症状。多为急性或最急性经过。表现为突然倒地，全身痉挛，瞳孔扩大，磨牙，天然孔如口、鼻、肛门等流出带气泡的紫黑色血液，数分钟内死亡。肥壮的羔羊发病死亡更快。病程较缓慢者也只延续几小时，表现不安、战栗、心悸、呼吸困难和天然孔流血等症状。③防治。发病初期，注射抗炭疽血清有一定疗效，第一次50毫升。注射一次后，如4小时体温不退，可再注射25～30毫升。早期发病也可注射磺胺类药物及青霉素等。此病发病急，病程短，往往来不及治疗即死亡，所以应以预防为主。首先，患炭疽死亡的羊，严禁剥皮、吃肉及剖检，否则炭疽杆菌能形成芽孢，污染场地，造成传播。病羊尸体要深埋，被尸体污染的地表土应铲除，和尸体一起埋掉。发现病羊后应立刻对所在羊群进行检查、治疗，对病羊圈及周围活动场所要彻底消毒。其次，在发生过炭疽的地区内放牧的羊群，每年要进行一次Ⅱ号炭疽芽孢苗的注射。

（2）羊快疫。此病是绵羊的一种急性传染病，特点是在羊的皱胃和十二指肠黏膜上有出血性炎症，并在消化道内产生大量气体。①病原及传染。羊快疫的病原体是腐败梭菌。主要通过消化道感染，低洼沼泽地区多发生。早春、秋末气候突然变化，羊在冬季营养不良或采食霜草、患感冒等都能诱发本病。4～7月龄的断奶羔羊以及1周龄以内的羔羊最易感染此病。②症状。突然发病，迅速死亡，整个病程仅2～12小时。病羊体温升高，口腔、鼻孔溢出红色带泡沫的液体。有时也有下痢、精神不安、兴奋等症状。有的病羊呈现腹痛、臌气、排出稀粪等症状。③防治。此病发病急，病羊往往来不及治疗，故要以预防为主。疫区的羊应每年春、秋季注射三联苗或四联苗两次。一般接种后7～10天即可产生免疫力，免疫期6～8个月。对发病慢的羊可用抗生素或磺胺类药物对症治疗。

（3）羊肠毒血症。本病具有明显的季节性，多在春末夏初或秋末冬初发生。羊喂高蛋白精料过多会降低胃的酸度，导致病原体生长繁殖快。多雨、气候骤变、地势低洼等都易诱发本病。①病原及传染。羊肠毒血症（软肾病）的病原体是D型产气荚膜梭菌。羊采食带有病菌的饲料，经消化道感染。病菌可在羊的肠道中大量繁殖，产生毒素而引起本病发生。3～12周龄羔羊最易患此病而死亡，2岁以上羊患此病的较少。②症状。多呈最急性症状。病羊突然不安，迅速倒地、昏迷，呼吸困难，随即窒息死亡。病程缓慢的，初期可呈兴奋症状，转圈或撞击障碍物，随后倒地死亡；或初期沉郁，继而剧烈痉挛死亡。一般体温不高，但常有绿色糊状腹泻。③防治。疫区每年春、秋两次注射羊肠毒血症菌苗或三联苗。对羊群中尚未发病的羊只，可用三联苗做紧急预防注射。当疫情发生时，应注意尸体处理，羊舍及周围场所消毒。病程缓慢的可用免疫血清（D型产气荚膜梭菌抗毒素）或抗生素、磺胺药等，能收到一定疗效。但此病往往发病急，来不及治疗即死亡。

（4）山羊传染性胸膜肺炎。山羊传染性胸膜肺炎俗称"烂肺病"，是一种高度接触性传染病。本病秋季多发，传播迅速，死亡率较高。其特征是高热，肺实质和胸膜发生浆液性和纤维性炎症。肺高度水肿，并有明显肝脏病变。①病原及传染。病原体为丝状支原体山羊亚种，主要存在于病羊的肺脏、胸膜渗出液和纵隔淋巴结中。本病主要通过飞沫传染，发病率可达95%以上。传染源为病羊和隐性感染羊。成年羊的发病率较幼年羊高，怀孕母羊发病死亡率较高，多为地方性流行。羊只营养不良、受寒、受潮以及羊群过于拥挤，都易诱发本病。②症状。潜伏期18～26天，呈急性或慢性经过，死亡率较高。病初体温升高至41～42℃，精神萎靡，咳嗽，食欲减退，两眼无光，被毛粗乱，发抖，呆立离群。听诊有湿性啰音及胸膜摩擦音；症状沉重时，摩擦音消失，局部呈完全浊音。以手按压肋间时，有疼痛感。呼吸逐渐困难，自鼻孔内流出浆液性黏液样分泌物，鼻黏膜及眼结膜高度充血。后期病羊卧地，呼吸极度困难，背拱起，头颈伸直，口半张开，流涎、流泪，并有胃肠炎、血性下痢。急性时常在4～5天内死亡，死亡率60%～70%，慢性者常因衰竭而死。③防治。对疫区的羊每年定期使用山羊传染性胸膜肺炎氢氧化铝疫苗进行预防注射。发现病羊应及时隔离，对其有可能污染的场所和用具严格消毒。在治疗上，可用磺胺噻唑钠，每千克体重用0.2～0.4克配成水溶液，皮下注射，每天一次；松节油，成年羊0.5～0.8毫升，幼年羊0.2～0.3毫升，静脉注射；土霉素，每千克体重10毫克，肌内注射，每天一次。

（5）破伤风。①病原及传染。本病是一种人、畜共患的急性、创伤性、中毒性传染病。病原体为破伤风梭菌，又称强直梭菌。通常因伤口感染破伤风梭菌芽孢而引发本病。在伤口小而深、创伤内发生坏死或创口被泥土、粪便、痂皮等封盖，创伤内组织损伤严重、出血、有异物，或在需氧菌混合感染的情况下，破伤风梭菌才能生长发育，产生毒素，引起发病。羊只常因皮肤创伤、公羊去势、母羊分娩、胎儿处理不当而感染发病。②症状。潜伏期一般为5～15天。初期症状不明显，常表现为四肢僵硬，精神不振，全身呆滞，运动困难，角弓反张（尤以躺卧时更明显），牙关紧闭，流涎吐沫，饮食困难，并常发生轻度臌胀。突然的响声可使肌肉发生痉挛，致使病羊倒地。在病程后期，因呼吸窒息而死亡，尤以羔羊死亡率高。③防治。破伤风类毒素可较好预防本病。羔羊的预防，则以母羊妊娠后期注射破伤风类毒素较为适宜。创伤处理：对感染创伤进行有效的防腐消毒处理，彻底排出脓汁、异物、坏死组织及痂皮等，及时用消毒药液消毒创面。并结合青霉素、链霉素，在创伤周围注射，以清除产生破伤风毒素的来源。同时在羔羊断脐、公羊阉割、母羊分娩时要注意器械、手术部位等消毒。早期应用破伤风血清（破伤风抗毒素），可一次用足量（20万～80万国际单位），也可将总用量分2～3次注射。皮下、肌内、静脉注射均可，也可一半皮下或肌内注射，一半静脉注射。

(6) 传染性脓疮。传染性脓疮包括羔羊口疮、传染性口膜炎或脓疱性口膜炎，是急性接触性传染病，以羔羊、幼龄羊发病率较高。其特征为口唇等处皮肤和黏膜形成丘疹、脓疱、溃疡和结成疣状厚痂。①病原及传染。本病由病毒引起。病毒主要存在于病变部位的渗出液和痂块中。健康羊只因同病羊直接接触而感染，或由污染的羊舍、饲料、饮水等传播而感染。②症状。病变主要在口腔、口唇和鼻等部位，起初出现稍凸起的红色斑点，以后变为红疹、水疱、脓疱，最后形成痂皮。痂皮开始呈红棕色，以后变为黑褐色，非常坚硬。病羊口中流出混浊发臭的口水，疼痛难忍，不能采食。有的病羊蹄部也出现脓疮和溃疡。另外，由于病羔吃奶，也可使母羊的乳房、乳头及大腿内侧出现脓疮和溃疡。若无其他并发病，一般呈良性经过，经过10天后，痂块脱落，皮肤新生，并不留任何斑痕。③防治。在流行地区进行疫苗接种。饲料和垫草应尽量拣出芒刺，加喂适量食盐，以减少羊只啃土、啃墙，从而保护皮肤黏膜不造成损伤。治疗可用0.1%的高锰酸钾溶液冲洗患部，或用5%硼酸、3%氯酸钾溶液洗涤，然后涂以5%的碘酒或碘甘油，或2%龙胆紫（甲紫）、5%土霉素软膏或青霉素呋喃西林软膏，每天1次或2次。继发咽炎或肺炎者，肌内注射青霉素。

(7) 羊痘。①病原及传染。羊痘为人畜共患急性接触性传染病，病原体为滤过性病毒。该病可发生于全年任何季节，但以春、秋两季多发，传播很快。传染途径为呼吸道、消化道和受损伤的皮肤。受到病毒污染的饲料、饮水、初愈病羊都可能成为传播媒介。病羊痊愈后能获得终身免疫。②症状。恶性型羊痘，病羊体温升高至41～42℃，精神萎靡，食欲消失，眼肿流泪，呼吸困难。经1～3天，全身皮肤表面出现红色斑疹（痘疹），然后变成丘疹、水疱，最后形成脓疱，7～8天后结成干痂慢慢脱落。羊痘对成年羊危害较轻，死亡率1%～2%，而羔羊患病后死亡率高。③防治。发现病羊应及时隔离，并对其污染的羊舍、用具等进行彻底消毒。局部治疗可用0.1%高锰酸钾溶液冲洗患部，干后涂以碘酒、紫药水、硼酸软膏、硫黄软膏、凡士林、红霉素软膏、四环素软膏等；中药治疗可用葛根15克、紫草15克、苍术15克、黄连9克、绿豆30克、白糖30克，水煎后候温灌服，每日1剂，连用3剂即可见效。

（8）流行性眼炎。①病原及传染。病原体为滤过性病毒或立克次氏体或细菌，有时三者混合感染。病原体主要存在于眼结膜及其分泌物中，通过直接接触传染，蚊、蝇类可成为主要传染媒介。气候炎热、刮风、尘土等因素有利于本病的发生和传播。羔羊及青年羊多发。②症状。病初眼睛畏光，流泪，先侵害眼结膜，眼睑肿胀，疼痛，结膜潮红，血管舒张，并有黏性分泌物。然后波及眼角膜，引起角膜充血，呈灰白色混浊；严重者形成溃疡，引起角膜穿孔，甚至失明。一般经过治疗，1～2周即可康复。③防治。发现病羊及时隔离，以防传染，加强护养，避免强光刺激。治疗可用4%硼酸水冲洗病眼，用5%葡萄糖溶液点眼，每天2～3次；用各种眼膏或水剂抗生素眼药水点眼，每天2～3次。

（9）羔羊痢疾。羔羊痢疾是以羔羊剧烈腹泻为特征的急性传染病，主要危害7日龄内的羔羊，可造成大批死亡。①病原及传染。引起羔羊痢疾的病原微生物主要为大肠杆菌、沙门氏菌、产气荚膜梭菌、肠球菌等。传染途径主要通过消化道，也可经脐带或伤口传染。本病的发生和流行，与怀孕母羊营养不良、护理不当、产羔季节气候突变、羊舍阴暗潮湿等有密切关系。此外，哺乳不当、饥饱不匀及接羔、育羔时清洁卫生条件差等也可诱发本病。②症状。发病初期精神不振，低头弓背，不吃奶，心跳加快。以后出现持续性腹泻，粪便恶臭，初为糊状，以后如稀水状，内有气泡、黏液和血液。粪便颜色呈黄绿或灰白色。病羔逐渐虚脱，脱水，卧地不起，如来不及治疗常在1～2天死去，只有少数病轻者可自愈。有的病羔腹胀而不下痢，或只排少量稀粪，主要表现为神经症状，四肢瘫软，卧地不起，呼吸急促，口流白沫，头向后仰，体温下降，最后昏迷死亡。③防治。加强母羊妊娠后期的饲养管理，使羔羊在胎儿阶段发育良好。产房要保持清洁，并经常消毒，冬季注意保温。产羔后尽量让羔羊吃上初乳，以增加抗病力。羔羊出生12小时后灌服土霉素，每次0.05～0.10克，每天1

次，对本病有较好的预防效果。治疗本病常用药物：土霉素，0.2～0.3克，加等量胃蛋白酶，加水灌服，每天2次；大蒜捣烂，取汁半匙，加等量白酒、醋，混合后一次内服，每天2次，每次10～20毫升，直至痊愈；诺氟沙星（氟哌酸），每千克体重0.01克内服，每天2次，连用3～5天；病初可肌内注射青霉素、链霉素各20万单位，每天2次。

（10）羔羊肺炎。羔羊肺炎是羔羊一种急性烈性传染病，其特点是发病急，传染快，常造成大批死亡。①病原及传染。病原体是传染性乳房炎杆菌，患有传染性乳房炎的泌乳羊是主要传染源。病原体存在于乳房里，当羔羊吃乳时经口感染。此外，当羔羊接触病羊或病羊污染的垫草和用具时，也能感染发病。②症状。发病后羔羊体温升高至41℃，呼吸、脉搏加快，食欲减退或废绝。精神不振，咳嗽，鼻子流出大量黏液和脓性分泌物。病势逐渐加重，多在几天内死亡。能痊愈者往往发育不良，长期体内带菌并传染健康羊。③防治。发现母羊患传染性乳房炎时，要及时把羔羊隔离，不让其吃病羊乳汁，改喂健康羊乳汁。同时将病母羊污染的圈舍、场地、用具等清扫干净，彻底消毒。对病羔加强护理，饲养在温暖、光亮、宽敞、干燥的圈舍内，多铺和勤换垫草。羔羊发病初期，可用青霉素、链霉素或卡那霉素肌内注射，每天2次。用量为每千克体重青霉素1万～1.5万国际单位，链霉素10毫克，卡那霉素5～15毫克。

（11）巴氏杆菌病。巴氏杆菌病亦称出血性败血病，是由多杀性巴氏杆菌引起的一种人畜共患病。特征为高热、肺炎、急性胃肠炎及多种脏器的广泛出血。①病原及传染。多杀性巴氏杆菌是两端着色的革兰氏阴性短杆菌。本病多发于断奶羔羊，也见于1岁左右的绵羊，而山羊较少见。病羊和带菌者是传染源。主要通过与病羊直接接触或通过被本菌污染的垫草、饲料、饮水而感染。多呈散发，有时呈地方性流行。发病不分季节，但以冷热交替、天气剧变、湿热多雨的时期发生较多。②症状。最急性型常见于哺乳羔羊，多无明显症状而突然死亡，或发病急，仅呈现打寒战、呼吸困难等症状，于数分钟至数小时内死亡，无特征病变，仅见全身淋巴结肿胀，浆膜、黏膜有出血点。急性型体温升高至41~42℃，食欲废绝，呼吸急促，咳嗽，鼻液混血，颈部、胸前部肿胀，先便秘后腹泻，或呈血便，常于重度腹泻后死亡，颈、胸部皮下胶样水肿和出血。全身淋巴结水肿，出血。上呼吸道黏膜充血、出血，其中有淡红色泡沫状液体。肺淤血，水肿，出血。肝常有散在灰黄色病灶，有些周围尚有红晕。皱胃和盲肠水肿，出血，有溃疡病灶。慢性型即胸型，病羊流黏脓性鼻液，咳嗽，呼吸困难，消瘦，腹泻。也可见角膜炎，颈与胸下部水肿等症状，呈纤维素性肺炎变化，常有胸膜炎和心包炎。③防治。首先要按计划进行免疫接种。其次要加强饲养管理，增强肉羊的抗病力。发生本病后应迅速采取隔离、消毒、治疗等措施。治疗本病可用青霉素、链霉素肌内注射。

（12）布鲁氏菌病。布鲁氏菌病是由布鲁氏菌引起的一种人畜共患病，特征是生殖器官和胎膜发炎，引起流产。①病原与传染。病原为布鲁氏菌。该菌对外界环境抵抗力较强，但对湿热的抵抗力不强，消毒药能很快将其杀死。绵羊和山羊均可感染。传染源是病羊及带菌者，尤其是受感染的妊娠羊，在其流产或分娩时，可随胎儿、胎水和胎衣排出大量布鲁氏菌。在感染公羊的精囊腺中也含有布鲁氏菌。主要通过消化道感染，也可经皮肤、结膜和配种感染。此外，吸血昆虫可以传播本病。②症状。怀孕羊发生流产是本病的主要症状，流产多发生于妊娠3～4个月时，有的山羊流产2～3次。其他症状可能有乳房炎、支气管炎、关节炎和滑液囊炎。公羊发生睾丸炎和附睾炎，睾丸肿大，发病后期睾丸萎缩。胎衣呈黄色胶样浸润，其中部分覆有纤维蛋白絮片和脓液，有的增厚并有出血点。胎儿呈现败血症病变，胃肠和膀胱浆膜下有点状或线状出血，皮下有出血性浆液性浸润，肝、脾和淋巴结肿大，有的散在有坏死灶。公羊的精囊、睾丸和附睾可能有出血、坏死和化脓灶。③防治。主要措施是检疫、隔离，控制传染源，切断传播途径，培养健康羊群及主动免疫接种，采用自繁自养的管理模式和人工授精技术。必须引进种羊或补充羊群数量时，要严格检疫，将引入羊只隔离饲养1个月后再次检疫，全群2次检查阴性者，才可与原群接触。没有发生过该病的羊群，每年至少检疫1次。一旦发现病羊，则应扑杀。发现布鲁氏菌病，应采取措施，将其消灭。彻底消毒被污染的用具和场所。销毁流产胎儿、胎衣、羊水和产道分泌物。羊场工作人员应注意个人防护，以防感染。

2.常见寄生虫病

（1）绦虫病。绦虫病是羊的一种体内寄生虫病，分布很广，可引起羊发育不良，甚至死亡。①病原。本病的病原体为绦虫。寄生在羊小肠内的绦虫有三个属，即莫尼茨绦虫、曲子宫绦虫和无卵黄腺绦虫。绦虫虫体扁平，呈白色带状，分为头节、颈节、体节3个部分。绦虫雌雄同体，全长1～5米，每个体节上都包括1～2组雌雄生殖器官，自体受精。节片随粪便排出体外，节片崩解，虫卵被地螨吞食后，卵内的六钩蚴在螨体内经2～5个月发育成具有感染力的似囊尾蚴，羊吞食了含有似囊尾蚴的地螨以后，幼虫吸附在羊小肠黏膜上，经40天左右发育为成虫。本病主要危害1.5～8月龄的幼羊，2岁以上的羊感染率极低。②症状。羊轻度感染又无并发症时，一般症状不明显。感染严重的羔羊，由于虫体在小肠内吸取营养，分泌毒素，并引起机械阻塞，使羊食欲减退，喜欢饮水、消瘦、贫血、水肿、脱毛，腹部疼痛和臌气，下痢和便秘交替出现，淋巴结肿大。粪便中混有绦虫节片。病后期精神高度沉郁，卧地不起，个别羊只还出现神经症状，如抽搐、仰头或作回旋运动，口吐白沫，终至死亡。③防治。粪便要及时清除，堆积发酵处理，以杀灭虫卵，并做到定期驱虫；硫氯酚治疗，剂量为每千克体重100毫克，一次性口服；氯硝柳胺治疗，剂量为每千克体重50～75毫克，一次性口服；苯硫丙咪唑治疗，剂量为每千克体重10～15毫克，一次性内服。

（2）血矛线虫病（捻转胃虫病）。①病原。血矛线虫病的病原体是血矛线虫（捻转胃虫），它寄生在羊的皱胃里。雄虫长10～20毫米，雌虫长18～30毫米。虫体细小，须状，雌虫像一条红线和一条白线扭在一起的线绳。每天可产卵5 000～10 000个，卵随粪便排到草地上，在适宜温度（20～30℃）和湿度条件下，经4～5天即可孵化成幼虫而感染致病。雨后幼虫常被雨水冲到低洼地区，故在低湿地区放牧羊只最容易感染血矛线虫。②症状。一般病羊表现为贫血，消瘦，被毛粗乱，精神沉郁，食欲减退。放牧时病羊离群或卧地不起。腹泻和便秘交替出现。颌下、胸下、腹下水肿，体温一般正常，脉搏弱而快，呼吸次数增多，最后卧地不起，虚脱死亡。剖检在真胃可见有大量血矛线虫虫体吸着在胃壁黏膜上，或游离于胃内容物中。③防治。不到低洼潮湿的地方放牧，不放"露水草"，不饮死水。羊舍内粪便要堆积发酵以杀死虫卵，并做好定期预防性驱虫，如每年进行春季放牧前、秋末或初冬两次驱虫。苯硫丙咪唑治疗，每千克体重10～15毫克，一次性内服。驱虫净（噻咪唑、四咪唑）治疗，每千克体重20毫克，加水灌服。左旋咪唑治疗，每千克体重50～60毫克，配成水溶液，一次灌服。

（3）肺丝虫病。①病原。此病的病原体是肺丝虫，肺丝虫又分为大型肺丝虫（丝状网胃线虫）和小型肺丝虫（原圆科线虫）两类。大型肺丝虫成虫寄生在羊气管和支气管内，含有幼虫的虫卵或已孵出的幼虫随咳痰咳出，或咽下后经粪便排出。幼虫能在水、粪中自由生活，经6～7天发育成侵袭性幼虫，由消化道进入血液，再由血液循环到达肺部。本病在低湿牧场和多雨季节最易感染。小型肺丝虫的雌虫在肺内产卵，幼虫由卵孵出后由气管上行至口腔，随痰咳出或吞咽后进入消化道，再随粪便排出。幼虫钻入旱地螺蛳或淡水螺蛳内，经过一段时间的发育后，再由螺蛳体内钻出来，随羊吃草或饮水进入羊消化道，再通过血液循环进入肺部。②症状。病初频发干性强烈咳嗽，后渐渐变为弱性咳嗽，有时咳出含有虫卵及幼虫的黏稠痰液。以后呼吸渐转困难，逐渐消瘦，最后常常并发肺炎，体温升高，黏膜苍白，皮肤失去弹性，被毛干燥，如得不到及时治疗，死亡率较高。③防治。不到低洼潮湿的地方放牧，不饮死水。对粪便进行处理，杀死幼虫，并做到定期驱虫。用碘溶液气管注射法治疗大型肺丝虫，用碘片1克、碘化钾1.5克、蒸馏水1 500毫升，煮沸消毒后凉至20～30℃进行气管注射。剂量为羔羊8毫升，幼羊10毫升，成年羊12～15毫升，一次性注射。用水杨酸钠溶液气管注射法治疗小型肺丝虫。用水杨酸钠5克加蒸馏水100毫升，经消毒后注入气管。也可幼羊10～15毫升，成年羊20毫升，一次性注射。用四咪唑治疗，按每千克体重7.5～25毫克内服，或配成水剂肌内注射。用苯硫丙咪唑治疗。按每千克体重10～15毫克，一次性内服或配制成针剂肌内注射。

（4）肝片吸虫病。肝片吸虫病是由肝片吸虫寄生在羊的肝脏和胆管内所引起，表现为肝实质和胆管发炎或肝硬化，并伴有全身性中毒和代谢紊乱，一般呈地方性流行。本病危害较大，尤其对幼畜的危害更为严重，夏、秋季流行较多。①病原。本病的病原体是肝片吸虫，其形状似柳树叶。雌虫在胆管内产卵，卵顺胆汁流入肠道，最后随粪便排出体外。卵在适宜的生活条件下，孵化发育成毛蚴，毛蚴进入中间宿主螺蛳体内，再经过胞蚴、雷蚴、尾蚴3个阶段的发育又回到水中，成为囊蚴。羊饮水时吞食囊蚴而感染此病。②症状。本病可表现为急性症状和慢性症状。急性症状表现为精神沉郁，食欲减退或消失，体温升高，贫血、黄疸和肝大，黏膜苍白，严重者3～5天死亡。慢性症状表现为贫血、黏膜苍白，眼睑及下颌间隙、胸下、腹下等处发生水肿，被毛粗乱、干燥、易脱断、无光泽，食欲减退，逐渐消瘦，并伴有肠炎，最终导致死亡。③防治。不要到潮湿或沼泽地放牧，不让羊饮死水或有螺蛳生长地区的水。每年进行2或3次驱虫。由于幼虫发育需要中间宿主螺蛳，因此应进行灭螺，使幼虫不能发育，每亩地施用20%的氨水20千克，或用1∶5 000硫酸铜溶液、石灰等进行灭螺。四氯化碳治疗，四氯化碳1份、液状石蜡1份，混合后肌内注射。成年羊注射3毫升，幼羊2毫升。内服四氯化碳胶囊，成年羊4个（每个胶囊含四氯化碳0.5毫升），幼羊2个（含四氯化碳1毫升）。四氯化碳对羊副作用较大，应用时先以少数羊试治，如果无大的反应再广泛应用。硝氯酚治疗，每千克体重4毫克，一次性口服。硫氯酚治疗，每千克体重35～75毫克，配成悬浮液口服。苯硫丙咪唑治疗，每千克体重15毫克，一天一次，连用两天。中药治疗，苏木15克、贯众9克、槟榔12克，水煎去渣，加白酒60克灌服。

（5）羊鼻蝇幼虫病。本病是由羊鼻蝇幼虫寄生在羊的鼻腔和额窦内而引起的一种慢性疾病。①病原。本病的病原为羊鼻蝇幼虫。其成虫为羊鼻蝇，外形像蜜蜂。夏、秋季雌蝇将幼虫产在羊鼻孔周围，幼虫沿鼻黏膜爬入鼻腔、鼻窦和额窦等处。幼虫起初如同小米粒大小，在羊鼻腔、鼻窦及额窦内逐渐长大，经9～10个月成为第三期幼虫，长约3厘米，颜色也由白色变黄再变为褐色。羊打喷嚏时，幼虫落到地面，钻入浅层土壤变为蛹。经1～2个月，蛹羽化为鼻蝇。②症状。成虫鼻蝇在羊鼻孔产幼虫时，羊惊恐不安，摇头、奔跑，影响羊的采食、休息和活动，体质逐渐下降。幼虫钻进鼻腔内，其角质钩刺可引起鼻黏膜损伤发炎或溃疡，由鼻内流出混有血液的脓性鼻涕，由于大量的鼻液堵塞鼻孔，使羊呼吸困难，经常打喷嚏，在地上摩擦鼻端；羊食欲减退，日渐消瘦。个别幼虫还可进入颅腔，损伤胸膜，引起神经症状，运动失调、摇头、转圈等，可造成死亡。③防治。羊鼻蝇飞舞季节，在鼻孔周围涂上1%滴滴涕软膏、木焦油等，可驱避鼻蝇。秋末羊鼻蝇绝迹时，用1%敌百虫水溶液注入鼻腔，每侧鼻腔10～20毫升；或用敌百虫内服，每千克体重0.1克，加水适量，一次灌服；或用3%来苏儿溶液向羊鼻孔喷洒。螨净治疗，将螨净配成0.3%的水溶液，鼻腔喷注，每侧鼻孔内各喷入6～8毫升。

（6）肠结节虫病。①病原。本病病原为食道口线虫。其幼虫常寄生在大肠肠壁上，形成大小不等的结节，故称为结节虫。雌虫在羊肠道内产卵，卵随粪便排出体外，在适宜的条件下孵出幼虫，幼虫经7～8天的发育变成有感染性的幼虫，爬在草叶上，当羊吃草时吞食了幼虫而被感染。②症状。当幼虫钻入肠壁形成结节时，使羊肠道变窄，肠道发炎或溃疡，引起羊腹泻，有时粪中混有血液或黏液。羊厌食，消瘦，贫血，逐渐衰弱死亡。当幼虫从结节中回到肠道后，上述症状将逐渐消失，但常表现间歇性下痢。③防治。每年春、秋两季，用敌百虫或驱虫净（噻咪唑、四咪唑）进行预防驱虫。敌百虫治疗，每千克体重50～60毫克，配成水溶液，一次灌服。驱虫净治疗，每千克体重10～20毫克，一次口服，或配成5%的水溶液肌内注射，每千克体重10～12毫克。

（7）羊脑包虫病。①病原。羊脑包虫病是由多头绦虫的幼虫——多头蚴引起的。成虫寄生在终末宿主犬、狼、狐等肉食动物的小肠内，卵随粪便排出体外，羊在被绦虫卵严重污染的牧地上放牧时被感染。

幼虫寄生在羊的脑内。幼虫呈包囊泡状，囊内充满透明的液体，囊内六钩蚴数量常多达100～250个，包囊由豌豆大到鸡蛋大。本病主要侵袭2周岁以内的羊，2周岁以上的羊也有个别发生。②症状。根据侵袭包虫的数量和对脑部的损伤程度及死亡情况，可分为急性、亚急性和慢性3种。急性型：发生在感染后1个月左右，由于感染包虫数量多（7～25个），幼虫在移动过程中对脑部损伤严重，常引起脑脊髓膜炎，羊暴躁狂奔，痉挛惊叫，很快死亡。亚急性型：发生在感染后2个月左右。感染包虫数2～7个。病羊间断性癫痫发作，一天数次，每次5～10分钟，表现多种神经症状，死亡过程较急性拖得长。慢性型：发生在感染后2～3个月，包虫数大多为一个，癫痫发作次数一般一天或隔天一次，病羊向寄生侧作转圈运动。③防治。加强对牧羊犬的管理，控制牧犬数量，消灭野犬，捕杀狼、狐，防止草场被严重污染。每季度给牧犬投驱绦虫药一次，驱虫后排出粪便要深埋或焚烧。对病羊进行手术摘除。手术部位确定：根据羊旋转的方向确定寄生部位，一般向右旋转则寄生在脑的右侧，向左旋转则寄生在左侧。然后用小叩诊锤或镊子敲打两边颅骨疑似部位，若出现低实音或浊音即为寄生部位，非寄生部位呈鼓音。用拇指按压，可摸到软化区。此区即为最佳手术部位。手术方法：术部剪毛，用清水洗净，再用碘酊消毒，用刀片对皮肤作V形切口，在切口的正中用圆骨钻或外科刀将骨质打开一个直径约1.5厘米的小洞，用针头将脑膜轻轻划开，一般情况下包虫即向外鼓出，然后进行摘除，最后在V形切口下端作一针缝合，消毒后用绷带或纱布包扎。药物治疗：对感染期的病羊用5%黄色素注射液作超剂量静脉注射，注射量20～30毫升，每天一次，连用两天，病羊可逐渐康复。

（8）羊疥癣。羊疥癣又称螨病，俗称"羊癞"，由疥癣虫寄生在羊的皮肤上引起，其主要特征是剧痒、脱毛、消瘦，对养羊业危害较大。①病原。本病的病原为疥癣虫。侵害绵羊的疥癣虫主要是吸吮疥虫（痒螨），寄生于皮肤长毛处；侵害山羊的疥癣虫主要是穿孔疥虫（疥螨），寄生于皮肤内。疥癣虫习惯生活在羊的皮肤上，离开皮肤后容易死亡。雌虫在皮肤上产卵，卵经10～15天发育为成虫（卵→幼虫→稚虫→成虫）。其传播主要通过健康羊与病羊直接接触而感染。②症状。绵羊多发部位为毛长而稠密的地方，如背、臀、尾根等处；山羊多发部位为无毛或短毛的地方，如唇、口角、鼻孔周围，眼圈、耳根、乳房、阴囊、四肢内侧等处。羊感染螨病后，皮肤剧痒，极度不安，用嘴啃咬或用蹄踢患部，常在墙壁上摩擦患部。患部被毛蓬乱、脱落，皮肤增厚，发炎，流出渗出物，干燥后结成痂皮。由于病羊极度瘙痒，影响采食及休息，使羊日渐消瘦，体质下降。③防治。年夏初、秋末进行药浴预防。从外地购入羊，应隔离观察15～30天，确定无病后再混入羊群。舒利保（英国杨氏公司生产）治疗，治疗浓度为200毫克/千克。溴氰菊酯治疗，治疗浓度为50毫克/千克。

30%烯虫磷乳油治疗，按1：1 500倍稀释，药浴病羊或涂抹患部。干烟叶硫黄治疗，干烟叶90克，硫黄末30克，加水1.5千克。先将烟叶在水中浸泡一昼夜，煮沸，去掉烟叶，然后加入硫黄，使之溶解，涂抹患部。灭扫利（20%乳油，日本产）治疗，药浴浓度为80毫克/千克。

（9）羊蜱病。①病原。本病的病原为蜱，又称草鳖、草爬子，可分为硬蜱科和软蜱科，硬蜱背侧体壁有厚实的盾片状角质板，硬蜱可传播病毒病、细菌病和原虫病等；软蜱没有盾片，草状外皮有弹性，饱食后迅速膨胀，饥饿时迅速缩瘪，故称软蜱。蜱的外形像个袋子，头、胸和腹部融合为一个整体，因此虫体上通常不分节。雌虫在地下或石缝中产卵，孵化成幼虫，找到宿主后，靠吸血生活。②症状。蜱多趴在毛短的部位叮咬，如嘴巴、眼皮、耳朵、四肢内侧、阴户等。蜱的口腔刺入羊的皮肤吸血，由于刺伤皮肤造成发炎，羊表现不安。蜱吸血量大，可造成羊贫血甚至麻痹，使羊日趋消瘦，生产力下降。③防治。用1.5%的敌百虫水溶液药浴，可使蜱全部死亡，效果较好。

（10）羊虱病。本病是由羊虱寄生在羊的体表引起的，以皮肤发炎、剧痒、脱皮、脱毛、消瘦、贫血为特征的一种慢性皮肤病。①病原。羊虱可分为吸血虱和食毛虱两类。吸血虱嘴细长而尖，具有吸血口器，吸吮血液；食毛虱嘴硬而扁阔，有咀嚼器，专食羊体的表层组织、皮肤分泌物及毛、绒等。雌虱将卵产在羊毛上，白色小卵约经2周可变成幼虱，侵害羊体。②症状。皮肤发痒，精神不安，常摩擦和搔咬，当寄生大量虱子时，皮肤发炎，羊毛粗乱，易断或脱落，皮肤变粗糙、起皮屑，消瘦，贫血，抵抗力下降，并可引起其他疾病。③防治。经常保持圈舍卫生、干燥，定期消毒，对羊舍及所接触的物体用0.5%～1%敌百虫溶液喷洒。羊生虱子后可用0.5%～1%敌百虫喷淋或药浴1或2次，每次间隔2周。如天气较冷可用药液洗刷羊身或局部涂抹。用45%烟草水擦洗，也可达到杀灭虱子的效果。